中高职衔接系列教材

PLC 控制系统安装与调试

主编 姚开武 陈军

内 容 提 要

本教材重点介绍 S7-200 PLC 的基础应用，内容包括：可编程序控制器基础；STEP 7-Micro/WIN 编程软件与仿真软件应用；S7-200 编程基础；综合应用。本教材按照工作任务驱动模式编写，每个任务开始均有知识目标和能力目标，方便了解学习的重点，每个项目结束有习题，以便巩固提高。

本教材可以作为大专院校电气自动化技术、机电一体化等相关专业的教材，也可作为中职学校、技工学校相关专业的教材，以及相关工程技术人员的参考书。

图书在版编目（CIP）数据

PLC控制系统安装与调试 / 姚开武，陈军主编. -- 北京：中国水利水电出版社，2016.6(2023.7重印)
中高职衔接系列教材
ISBN 978-7-5170-3953-2

Ⅰ. ①P… Ⅱ. ①姚… ②陈… Ⅲ. ①plc技术—高等职业教育—教材 Ⅳ. ①TM571.6

中国版本图书馆CIP数据核字(2015)第316550号

书　　名	中高职衔接系列教材 **PLC 控制系统安装与调试**
作　　者	主编　姚开武　陈军
出版发行	中国水利水电出版社 （北京市海淀区玉渊潭南路1号D座　100038） 网址：www.waterpub.com.cn E-mail: sales@mwr.gov.cn 电话：(010) 68545888（营销中心）
经　　售	北京科水图书销售有限公司 电话：(010) 68545874、63202643 全国各地新华书店和相关出版物销售网点
排　　版	中国水利水电出版社微机排版中心
印　　刷	天津嘉恒印务有限公司
规　　格	184mm×260mm　16开本　9印张　213千字
版　　次	2016年6月第1版　2023年7月第3次印刷
印　　数	4001—6000册
定　　价	**32.00元**

凡购买我社图书，如有缺页、倒页、脱页的，本社营销中心负责调换

版权所有·侵权必究

中高职衔接系列教材
编 委 会

主　　任　张忠海
副 主 任　潘念萍　　　　陈静玲(中职)
委　　员　韦　弘　　　　龙艳红　　　　陆克芬
　　　　　宋玉峰(中职)　邓海鹰　　　　陈炳森
　　　　　梁文兴(中职)　宁爱民　　　　韦玖贤(中职)
　　　　　黄晓东　　　　梁庆铭(中职)　陈光会
　　　　　容传章(中职)　方　崇　　　　梁华江(中职)
　　　　　梁建和　　　　梁小流　　　　陈瑞强(中职)
秘　　书　黄小娥

本书编写人员

主　　编　姚开武　　　　陈　军(中职)
副 主 编　郭　平　　　　韦成才　　　　庞　铭(中职)
参　　编　韦　乐　　　　陈君霞　　　　蒙　萌
主　　审　陈小宾　　　　罗安伍

前言

可编程控制器（PLC）是以微处理器为基础，带有指令储存和输入、输出接口，将计算机、通信和自动化控制技术融合为一体的一种新型、通用工业自动化控制装置。它具有可靠性高、配置扩展灵活、易于编程、使用方便等优点，在工业自动化控制的各个领域得到广泛应用。随着计算机、通信、自动化控制技术的快速发展，PLC运算速度更快、存储容量更大、智能更强，对现代工业自动化的意义更加重大。

德国西门子S7-200系列的PLC是西门子PLC的主流产品，其功能强、性价比高，应用广泛，具有较高的市场占有率。尽管已经出现S7-200的代替新产品S7-1200，但是由于S7-200还在大量使用，因此学习S7-200依然十分重要。

本教材以西门子S7-200为典型机型，按照任务驱动的模式编写，主要特点如下：

（1）本教材是广西水利电力职业技术学院与藤县第一中等职业技术学校开展"2+3"五年制联合办学，适应中高职衔接的需要编写的。

（2）本教材在到企业调研、访谈基础上，根据对相关工作岗位典型工作任务的分析，参照"维修电工国家职业标准"的相关内容，确定学习领域和学习情境。每一个任务通过知识目标、能力目标、任务描述、任务分析、任务实施、知识链接、知识扩展、习题等环节展开知识的学习和技能的训练。

（3）在教材目录标题的命名，还保留指令名称作为标题的形式，因为根据企业专家的意见和多年教学实践经验，PLC教材还有指导手册的用途，用指令名称作为标题，更方便查阅。

本教材由广西水利电力职业技术学院姚开武、郭平、韦成才、韦乐、陈君霞、罗安伍老师，藤县第一中等职业技术学校陈军、庞铭老师，广西南宁凤凰纸业有限公司陈小宾副总工程师共同完成。

由于编者水平有限，书中错误和不妥之处在所难免，恳请广大读者批评指正。

编者
2016年3月

目录 MULU

前言

项目1 可编程序控制器基础 1
任务1.1 认知PLC 1
任务1.2 认知PLC的结构和工作原理 4
习题 14

项目2 STEP 7 – Micro/WIN 编程软件与仿真软件应用 16
任务2.1 认知STEP 7 – Micro/WIN 编程软件的安装与软件界面 16
任务2.2 STEP 7 – Micro/WIN 编程软件的使用 21
任务2.3 S7 – 200 仿真软件的使用 30
习题 34

项目3 S7 – 200 编程基础 35
任务3.1 认知PLC的编程语言 35
任务3.2 认知PLC的程序结构 36
任务3.3 认知数据类型与寻址方式 38
任务3.4 位逻辑指令应用 44
任务3.5 定时器指令应用 52
任务3.6 计数器指令应用 58
任务3.7 顺序控制设计法应用 62
任务3.8 使用SCR指令的顺序控制梯形图设计方法 72
任务3.9 数据处理指令应用 78
任务3.10 数学运算指令应用 83
习题 88

项目4 综合应用 92
任务4.1 高速脉冲输出应用 92
任务4.2 工业以太网模块应用 105
任务4.3 模拟量模块应用 117
任务4.4 液位PID控制 120
习题 136

参考文献 138

项目 1

可编程序控制器基础

任务 1.1 认 知 PLC

知识目标：

认知 PLC 的概念、发展历史、特点、功能与应用。

技能目标：

能介绍 PLC 概念、发展历史、特点、功能与应用。

知识链接：

1.1.1 认知 PLC 的概念

PLC 英文全称 Programmable Logic Controller，中文全称为可编程逻辑控制器。

1985 年国际电工委员会（IEC）对 PLC 的定义如下："可编程控制器是一种数字运算操作的电子系统，专为在工业环境应用而设计的。它采用一类可编程的存储器，用于其内部存储程序，执行逻辑运算、顺序控制、定时、计数与算术操作等面向用户的指令，并通过数字或模拟式输入/输出控制各种类型的机械或生产过程。可编程控制器及其有关外部设备，都按易于与工业控制系统联成一个整体，易于扩充其功能的原则设计。"

1.1.2 认知 PLC 的发展历史、特点、功能与应用

1. PLC 的发展历史

在 20 世纪 60 年代，汽车生产流水线的自动控制系统基本上都是由继电器控制装置构成的。当时汽车的每一次改型都直接导致继电器控制装置的重新设计和安装。随着生产的发展，汽车型号更新的周期越来越短，这样，继电器控制装置就需要经常地重新设计和安装，十分费时、费工、费料，甚至阻碍了更新周期的缩短。为了改变这一现状，美国通用汽车公司在 1969 年公开招标，要求用新的控制装置取代继电器控制装置。1969 年，美国数字设备公司（DEC）研制出第一台 PLC，在美国通用汽车自动装配线上试用，获得了成功。这种新型的工业控制装置以其简单易懂、操作方便、可靠性高、通用灵活、体积小、使用寿命长等一系列优点，很快地在美国其他工业领域推广应用。到 1971 年，已经成功地应用于食品、饮料、冶金、造纸等工业。

这一新型工业控制装置的出现，也受到了世界其他国家的高度重视。1971 年日本从美国引进了这项新技术，很快研制出了日本第一台 PLC。1973 年，西欧国家也研制出它们的第一台 PLC。我国从 1974 年开始研制，于 1977 年开始工业应用。

随着计算机技术和通信技术发展，PLC 也不断改进。20 世纪 70 年代初出现了微处理

器。人们很快将其引入可编程控制器，使PLC增加了运算、数据传送及处理等功能，完成了真正具有计算机特征的工业控制装置。此时的PLC为微机技术和继电器常规控制概念相结合的产物。

20世纪70年代中末期，可编程控制器进入实用化发展阶段，计算机技术已全面引入可编程控制器中，使其功能发生了飞跃。更高的运算速度、超小型体积、更可靠的工业抗干扰设计、模拟量运算、PID功能及极高的性价比奠定了它在现代工业中的地位。

20世纪80年代初，可编程控制器在先进工业国家中已获得广泛应用。世界上生产可编程控制器的国家日益增多，产量日益上升。这标志着可编程控制器已步入成熟阶段。

20世纪80—90年代中期，是PLC发展最快的时期，年增长率一直保持为30%～40%。在这时期，PLC在处理模拟量能力、数字运算能力、人机接口能力和网络能力得到大幅度提高，PLC逐渐进入过程控制领域，在某些应用上取代了在过程控制领域处于统治地位的DCS系统。

20世纪末期，可编程控制器的发展特点是更加适应于现代工业的需要。这个时期发展了大型机和超小型机，诞生了各种各样的特殊功能单元、生产了各种人机界面单元、通信单元，使应用可编程控制器的工业控制设备的配套更加容易。

PLC未来展望。21世纪，PLC会有更大的发展。从技术上看，计算机技术的新成果会更多地应用于可编程控制器的设计和制造上，会有运算速度更快、存储容量更大、智能更强的品种出现；从产品规模上看，会进一步向超小型及超大型方向发展；从产品的配套性上看，产品的品种会更丰富、规格更齐全，完美的人机界面、完备的通信设备会更好地适应各种工业控制场合的需求；从市场上看，各国各自生产多品种产品的情况会随着国际竞争的加剧而打破，会出现少数几个品牌垄断国际市场的局面，会出现国际通用的编程语言；从网络的发展情况来看，可编程控制器和其他工业控制计算机组网构成大型的控制系统是可编程控制器技术的发展方向。目前的计算机集散控制系统DCS（Distributed Control System）中已有大量的可编程控制器应用。伴随着计算机网络的发展，可编程控制器作为自动化控制网络和国际通用网络的重要组成部分，将在工业及工业以外的众多领域发挥越来越大的作用。

2. PLC的特点

（1）可靠性高，抗干扰能力强。为了限制故障的发生或者在发生故障时，能很快查出故障发生点，并将故障限制在局部，各PC的生产厂商在硬件和软件方面采取了多种措施，使PC除了本身具有较强的自诊断能力，能及时给出出错信息，停止运行等待修复外，还使PC具有了很强的抗干扰能力。

（2）通用性强，控制程序可变，使用方便。PLC品种齐全的各种硬件装置，可以组成能满足各种要求的控制系统，用户不必自己再设计和制作硬件装置。用户在硬件确定以后，在生产工艺流程改变或生产设备更新的情况下，不必改变PLC的硬设备，只需改编程序就可以满足要求。因此，PLC除应用于单机控制外，在工厂自动化中也被大量采用。

（3）功能强，适应面广。现代PLC不仅有逻辑运算、计时、计数、顺序控制等功能，还具有数字和模拟量的输入/输出、功率驱动、通信、人机对话、自检、记录显示等功能。既可控制一台生产机械、一条生产线，又可控制一个生产过程。

(4) 编程简单，容易掌握。目前，大多数 PLC 仍采用继电控制形式的"梯形图编程方式"。既继承了传统控制线路的清晰直观，又考虑到大多数工厂企业电气技术人员的读图习惯及编程水平，所以非常容易接受和掌握。PLC 在执行梯形图程序时，用解释程序将它翻译成汇编语言然后执行（PLC 内部增加了解释程序）。与直接执行汇编语言编写的用户程序相比，执行梯形图程序的时间要长一些，但对于大多数机电控制设备来说，完全可以满足控制要求。

(5) 减少了控制系统的设计及施工的工作量。由于 PLC 采用了软件来取代继电器控制系统中大量的中间继电器、时间继电器、计数器等器件，控制柜的设计安装接线工作量大为减少。同时，PLC 的用户程序可以在实验室模拟调试，更减少了现场的调试工作量。并且，由于 PLC 的低故障率、很强的监视功能和模块化等，使维修也极为方便。

(6) 体积小、重量轻、功耗低、维护方便。PLC 是将微电子技术应用于工业设备的产品，其结构紧凑、坚固、体积小、重量轻、功耗低。并且由于 PLC 的强抗干扰能力，易于装入设备内部，是实现机电一体化的理想控制设备。

3. PLC 的功能与应用

目前，PLC 在国内外已广泛应用于钢铁、石油、化工、电力、建材、机械制造、汽车、轻纺、交通运输、环保及文化娱乐等各个行业，使用情况大致可归纳为如下几类：

(1) 开关量的逻辑控制。这是 PLC 最基本、最广泛的应用领域，它取代传统的继电器电路，实现逻辑控制、顺序控制，既可用于单台设备的控制，也可用于多机群控及自动化流水线。如注塑机、印刷机、订书机械、组合机床、磨床、包装生产线、电镀流水线等。

(2) 模拟量控制。在工业生产过程当中，有许多连续变化的量，如温度、压力、流量、液位和速度等都是模拟量。为了使可编程控制器处理模拟量，必须实现模拟量（Analog）和数字量（Digital）之间的 A/D 转换及 D/A 转换。PLC 厂家都生产配套的 A/D 和 D/A 转换模块，使可编程控制器用于模拟量控制。

(3) 运动控制。PLC 可以用于圆周运动或直线运动的控制。从控制机构配置来说，早期直接用于开关量 I/O 模块连接位置传感器和执行机构，现在一般使用专用的运动控制模块。如可驱动步进电机或伺服电机的单轴或多轴位置控制模块。世界上各主要 PLC 厂家的产品几乎都有运动控制功能，广泛用于各种机械、机床、机器人、电梯等场合。

(4) 过程控制。过程控制是指对温度、压力、流量等模拟量的闭环控制。作为工业控制计算机，PLC 能编制各种各样的控制算法程序，完成闭环控制。PID 调节是一般闭环控制系统中用得较多的调节方法。大中型 PLC 都有 PID 模块，目前许多小型 PLC 也具有此功能模块。PID 处理一般是运行专用的 PID 子程序。过程控制在冶金、化工、热处理、锅炉控制等场合有非常广泛的应用。

(5) 数据处理。现代 PLC 具有数学运算（含矩阵运算、函数运算、逻辑运算）、数据传送、数据转换、排序、查表、位操作等功能，可以完成数据的采集、分析及处理。这些数据可以与存储在存储器中的参考值比较，完成一定的控制操作，也可以利用通信功能传送到别的智能装置，或将它们打印制表。数据处理一般用于大型控制系统，如无人控制的柔性制造系统；也可用于过程控制系统，如造纸、冶金、食品工业中的一些大型控制系统。

(6) 通信及联网。PLC 通信含 PLC 间的通信及 PLC 与其他智能设备间的通信。随着计算机控制的发展,工厂自动化网络发展得很快,各PLC厂商都十分重视PLC的通信功能,纷纷推出各自的网络系统。新近生产的PLC都具有通信接口,通信非常方便。

任务1.2 认知PLC的结构和工作原理

知识目标:

认知PLC的结构、分类和工作原理。

技能目标:

(1) 能正确选择S7-200PLC的CPU及扩展模块。
(2) 能做PLC的I/O接线。

知识链接:

1.2.1 认知PLC的物理结构

PLC主要由中央处理单元、输入接口、输出接口、通信接口等部分组成,其中CPU是PLC的核心,I/O部件是连接现场设备与CPU之间的接口电路,通信接口用于与编程器和上位机连接。对于整体式PLC,所有部件都装在同一机壳内;对于模块式PLC,各功能部件独立封装,称为模块或模板,各模块通过总线连接,安装在机架或导轨上。PLC硬件结构如图1.1所示。

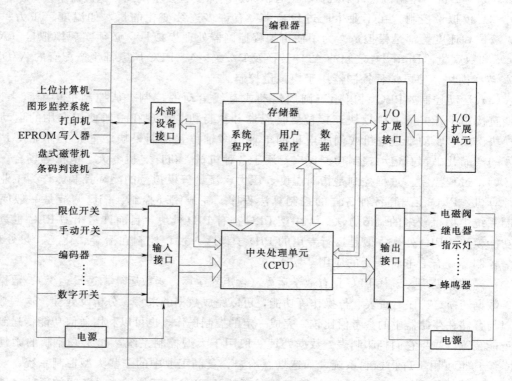

图1.1 PLC硬件结构

(1) 中央处理单元 CPU。CPU 通过输入装置读入外设的状态，由用户程序去处理，并根据处理结果通过输出装置去控制外设。一般的中型可编程控制器多为双微处理器系统：一个是字处理器，它是主处理器，由它处理字节操作指令，控制系统总线，内部计数器，内部定时器，监视扫描时间，统一管理编程接口，同时协调位处理器及输入/输出；另一个为位处理器，也称布尔处理器，它是从处理器，它的主要作用是处理位操作指令和在机器操作系统的管理下实现 PLC 编程语言向机器语言转换。

CPU 处理速度是指 PLC 执行 1000 条基本指令所花费的时间。

(2) 存储器。存储器主要存放系统程序、用户程序及工作数据。PLC 所用的存储器基本上由 PROM、EPROM、EEPROM 及 RAM 等组成。

(3) 输入/输出部件。输入/输出部件又称 I/O 单元或 I/O 模块，是 PLC 与工业生产现场之间的连接部件。I/O 接口的主要类型有数字量（开关量）输入、数字量（开关量）输出、模拟量输入、模拟量输出。

PLC 通过输入接口可以检测被控对象或被控生产过程的各种参数（如限位开关、操作按钮等），以这些现场数据作为 PLC 对控对象进行控制的信息依据。同时 PLC 又通过输出接口将处理结果送给被控设备或工业生产过程，以实现控制，如输出开关量以驱动电动机的启动器和灯光显示等设备。

I/O 接口一般都具有光电隔离和滤波功能，以提高 PLC 的抗干扰能力，如图 1.2 所示。I/O 接口上通常还有状态指示灯，使得工作状态直观，便于维护。

(4) 编程装置和编程软件。编程装置的作用是编辑、调试、输入用户程序，也可在线控制 PLC 内部状态和参数，与 PLC 进行人机对话，它是开发、应用、维护 PLC 不可缺

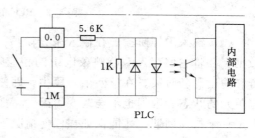

图 1.2　数字量输入电路

少的工具。常见的编程装置有手持编程器和计算机编程。计算机编程是现在的主流，它既可以编制、修改 PLC 的梯形图程序，又可以监视系统运行、打印文件，并可以进行程序仿真。

西门子 S7-200 编程软件是 STEP 7-Micro/WIN，目前较新的版本是 V5.4 SP6，有支持中文版。

(5) 电源部件。电源供 PLC 内部使用，电源输入类型有：交流电源（220V AC 或 110V AC），直流电源（常用的为 24V DC）。

1.2.2　认知 PLC 的工作原理

最初研制生产的 PLC 主要用于代替传统的由继电器接触器构成的控制装置，但这两者的运行方式是不相同的：

(1) 继电器控制装置采用硬逻辑并行运行的方式，即如果这个继电器的线圈通电或断电，该继电器所有的触点（包括其常开或常闭触点）在继电器控制线路的哪个位置上都会立即同时动作。

(2) PLC 的 CPU 则采用顺序逻辑扫描用户程序的运行方式，即如果一个输出线圈或

逻辑线圈被接通或断开，该线圈的所有触点（包括其常开或常闭触点）不会立即动作，必须等扫描到该触点时才会动作。

为了消除二者之间由于运行方式不同而造成的差异，考虑到继电器控制装置各类触点的动作时间一般在 100ms 以上，而 PLC 扫描用户程序的时间一般均小于 100ms，因此，PLC 采用了一种不同于一般微型计算机的运行方式——扫描技术。这样在对于 I/O 响应要求不高的场合，PLC 与继电器控制装置的处理结果上就没有什么区别了。

当 PLC 投入运行后，其工作过程一般分为三个阶段，即输入采样、用户程序执行和输出刷新三个阶段。完成上述三个阶段称作一个扫描周期。在整个运行期间，PLC 的 CPU 以一定的扫描速度重复执行上述三个阶段，如图 1.3 所示。

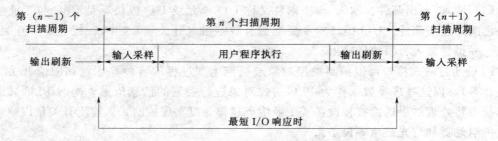

图 1.3　PLC 的循环扫描工作过程

（1）输入采样阶段。在输入采样阶段，PLC 以扫描方式依次地读入所有输入状态和数据，并将它们存入 I/O 映象区中的相应得单元内。输入采样结束后，转入用户程序执行和输出刷新阶段。在这两个阶段中，即使输入状态和数据发生变化，I/O 映象区中的相应单元的状态和数据也不会改变。因此，如果输入是脉冲信号，则该脉冲信号的宽度必须大于一个扫描周期，才能保证在任何情况下，该输入均能被读入。

（2）用户程序执行阶段。在用户程序执行阶段，PLC 总是按由上而下的顺序依次地扫描用户程序（梯形图）。在扫描每一条梯形图时，又总是先扫描梯形图左边的由各触点构成的控制线路，并按先左后右、先上后下的顺序对由触点构成的控制线路进行逻辑运算，然后根据逻辑运算的结果，刷新该逻辑线圈在系统 RAM 存储区中对应位的状态；或者刷新该输出线圈在 I/O 映象区中对应位的状态；或者确定是否要执行该梯形图所规定的特殊功能指令。即，在用户程序执行过程中，只有输入点在 I/O 映象区内的状态和数据不会发生变化，而其他输出点和软设备在 I/O 映象区或系统 RAM 存储区内的状态和数据都有可能发生变化，而且排在上面的梯形图，其程序执行结果会对排在下面的凡是用到这些线圈或数据的梯形图起作用；相反，排在下面的梯形图，其被刷新的逻辑线圈的状态或数据只能到下一个扫描周期才能对排在其上面的程序起作用。

（3）输出刷新阶段。当扫描用户程序结束后，PLC 就进入输出刷新阶段。在此期间，CPU 按照 I/O 映象区内对应的状态和数据刷新所有的输出锁存电路，再经输出电路驱动相应的外设。这时，才是 PLC 的真正输出。

图 1.4 为 PLC 的等效电路示意图，非真实电路，按照等效电路容易看出输入——执行程序——输出的关系。

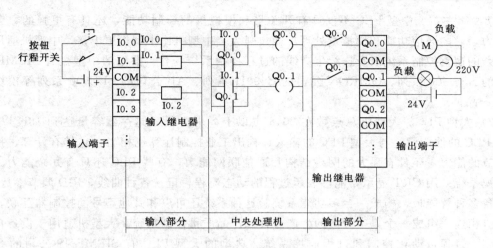

图 1.4　PLC 的等效电路示意图

1.2.3　认知 PLC 的分类

(1) 从组成结构形式分。

1) 整体式结构 PLC。整体式结构的特点是将 PLC 的基本部件，如 CUP 板、输入板、输出板、电源板等紧凑的安装在一个标准的机壳内，构成一个整体，组成 PLC 的一个基本单元（主机）或扩展单元。基本单元上设有扩展端口，通过扩展电缆与扩展单元相连，配有许多专用的特殊功能的模块，如模拟量输入/输出模块、热电偶、热电阻模块、通信模块等，以构成 PLC 不同的配置。整体式结构的 PLC 体积小、成本低、安装方便。微型和小型 PLC 一般为整体式结构。如西门子的 S7-200。

2) 模块式结构化 PLC。模块式结构的 PLC 是由一些模块单元构成，这些标准模块如 CUP 模块、输入模块、输出模块、电源模块和各种功能模块等，将这些模块插在框架上和基板上即可。各个模块功能是独立的，外形尺寸是统一的，可根据需要灵活配置。目前大、中型 PLC 都采用这种方式。如西门子的 S7-300 和 S7-400 系列。

整体式 PLC 每一个 I/O 点的平均价格比模块式的便宜，在小型控制系统中一般采用整体式结构。但是模块式 PLC 的硬件组态方便灵活，I/O 点数的多少、输入点数与输出点数的比例、I/O 模块的使用等方面的选择余地都比整体式 PLC 大得多，维修时更换模块、判断故障范围也很方便，因此较复杂的、要求较高的系统一般选用模块式 PLC。

(2) 按 I/O 点数及内存容量分。

1) 小型 PLC。小型机 PLC 的功能一般以开关量控制为主，小型 PLC 输入、输出点数一般在 256 点以下，用户程序存储器容量在 4K 左右。现在的高性能小型 PLC 还具有一定的通信能力和少量的模拟量处理能力。这类的 PLC 的特点是价格低廉，体积小巧，适合于控制单台设备和开发机电一体化产品。典型的小型机有 SIEMENS 公司的 S7-200 系列、OMRON 公司的 CPM2A 系列、MITUBISH 公司的 FX 系列和 AB 公司的 SLC500 系列等整体式 PLC 产品。

2) 中型 PLC。中型 PLC 的输入、输出总点数为 256~2048 点，用户程序存储器容量达到 8K 字左右。中型 PLC 不仅具有开关量和模拟量的控制功能，还具有更强的数字计算能力，它的通信功能和模拟量处理功能更强大，中型机比小型机更丰富，中型机适用于更复杂的逻辑控制系统以及连续生产线的过程控制系统场合。典型的中型机有 SIEMENS 公司的 S7－300 系列、OMRON 公司的 C200H 系列、AB 公司的 SLC500 系列等模块式 PLC 产品。

3）大型 PLC。大型机总点数在 2048 点以上，用户程序储存器容量达到 16K 以上。大型 PLC 的性能已经与大型 PLC 的输入、输出工业控制计算机相当，它具有计算、控制和调节的能力，还具有强大的网络结构和通信联网能力，有些 PLC 还具有冗余能力。它的监视系统采用 CRT 显示，能够表示过程的动态流程，记录各种曲线，PID 调节参数等；它配备多种智能板，构成一台多功能系统。这种系统还可以和其他型号的控制器互联，和上位机相连，组成一个集中分散的生产过程和产品质量控制系统。大型机适用于设备自动化控制、过程自动化控制和过程监控系统。典型的大型 PLC 有 SIEMENS 公司的 S7－400、OMRON 公司的 CVM1 和 CS1 系列、AB 公司的 SLC5/05 等系列。

（3）按输出形式分。

1）继电器输出。为有触点输出方式，相对晶体管输出来说，触点允许电流大，动作速度慢，适用于低频大功率直流或交流负载，如图 1.5 所示。

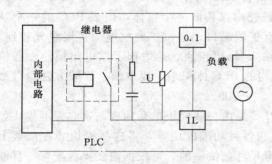 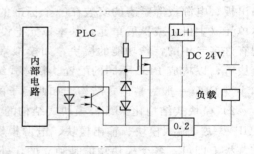

图 1.5　继电器输出电路　　　　　　　　图 1.6　晶体管输出电路

2）晶体管输出。为无触点输出方式，触点允许电流小，动作速度快，适用于高频小功率直流负载，如图 1.6 所示。

1.2.4　认识西门子 PLC

西门子整体式结构 PLC 把 PLC 的 CPU、存储器、输入/输出单元、电源等集成在一个基本单元中，其结构紧凑、体积小、成本低、安装方便。基本单元上设有扩展端口，通过电缆与扩展单元相连，可配接特殊功能模块。微型和小型 PLC 一般为整体式结构，S7－200 系列属整体式结构，图 1.7 所示 PLC 是 CUP224XP，属于 S7－200 系列。

模块式结构的 PLC 由一些模块单元构成，这些标准模块包括 CPU 模块、输入模块、输出模块、电源模块和各种特殊功能模块等，使用时将这些模块插在标准机架内即可。各模块功能是独立的，外形尺寸是统一的。模块式 PLC 的硬件组态方便灵活，装配和维修方便，易于扩展。目前，中、大型 PLC 多采用模块式结构形式，如西门子的 S7－300 和 S7－400 系列。图 1.8 所示为 S7－300PLC。

任务1.2 认知PLC的结构和工作原理

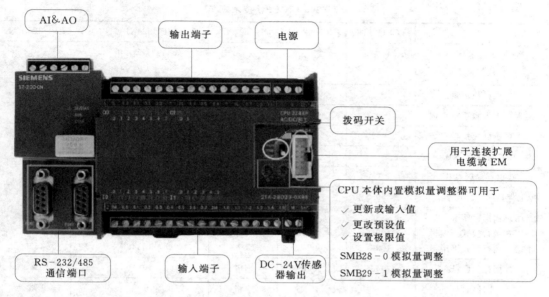

图1.7 CUP224XP PLC外形图

图1.8 S7-300PLC

1.2.5 认知西门子S7-200PLC的模块与端子接线

1. CPU

S7-200有5种CPU模块，CPU模块的外形如图1.9所示，技术指标见表1.1。

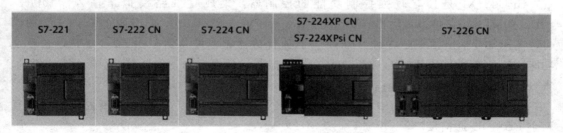

图1.9 S7-200系列CPU

9

表 1.1　　　　　　　　　　　　S7-200 CN CPU 技术规范

特　性	CPU221	CPU222 CN	CPU224 CN	CPU224XP CN	CPU226 CN
本机数字量 I/O	6入/4出	8入/6出	14入/10出	14入/10出	24入/16出
本机模拟量 I/O	—	—	—	2入/1出	—
扩展模块数量	—	2	7	7	7
最大可扩展数字量点数	—	78	168	168	248
最大可扩展模拟量点数	—	10	35	38	35
用户程序区/kB	4	4	8	12	16
数据存储区/kB	2	2	8	10	10
掉电保持时间（电容）/h	50	50	100	100	100
用户数据存储区/B 可以在运行模式下编辑 不能在运行模式下编辑	4096 4096	4096 4096	8192 12288	12288 16348	16348 24576
数据存储区/B	2048	2048	8192	10240	10240
高速计数器 单相高速计数器 双相高速计数器	4路 4路 30kHz 2路 20kHz	4路 4路 30kHz 2路 20kHz	6路 6路 30kHz 4路 20kHz	6路 4路 30kHz，2路 20kHz 3路 20kHz，1路 100kHz	6路 6路 30kHz 4路 20kHz
高速脉冲输出	2路 20kHz	2路 20kHz	2路 20kHz	2路 100kHz	2路 20kHz
模拟量调节电位器	1个，8位分辨率	1个，8位分辨率	1个，8位分辨率	2个，8位分辨率	2个，8位分辨率
RS-485 通信口个数/个	1	1	1	2	2
实时时钟	有（时钟卡）	有（时钟卡）	有	有	有
可选卡件	存储器卡、电池卡和实时钟卡	存储器卡、电池卡和实时钟卡	存储器卡、电池卡和实时钟卡	存储器卡和电池卡	存储器卡和电池卡
脉冲捕捉输入个数/个	6	8	14	14	24
外形尺寸/mm	90×80×62	90×80×62	120.5×80×62	140×80×62	196×80×62
DC 24V 电源 CPU 的输入电流/最大负载	80mA/450mA	85mA/500mA	110mA/700mA	120mA/900mA	150mA/1050mA
AC 240V 电源 CPU 的输入电流/最大负载	15mA/60mA	20mA/70mA	30mA/100mA	35mA/100mA	40mA/160mA

CPU221 无扩展功能，适用于作小点数的微型控制器。

CPU222 有扩展功能。

CPU224XP 是具有较强控制功能的控制器，集成有两路模拟量输入（10bit，±DC 10V），一路模拟量输出（10bit，DC 0～10V 或 0～20mA），有两个 RS-485 通信口，高速脉冲输出频率提高到 100kHz，高速计数器频率提高到 200kHz，有 PID 自整定功能。这种新型 CPU 增强了 S7-200 在运动控制、过程控制、位置控制、数据监视和采集（远程终端应用）以及通信方面的功能。

CPU226 适用于复杂的中小型控制系统，可扩展到 248 点数字量和 35 路模拟量，有两个 RS-485 通信接口。

S7-200 CPU 的指令功能强，有传送、比较、移位、循环移位、产生补码、调用子程序、脉冲宽度调制、脉冲序列输出、跳转、数制转换、算术运算、字逻辑运算、浮点数运算、开平方、三角函数和PID控制等指令。采用主程序、最多8级子程序和中断程序的程序结构,用户可以使用1~255ms的定时中断。

每个CPU的右下角都有一个24V直流输出电源,称为传感器电源。它可以用作CPU自身和扩展模块I/O点的电源供电,也可以用于扩展模块本身的供电。为扩展模块供电时要把传感器电源的L+/的对应连接到扩展模块的L+/M端子。

S7-200CPU的供电能力见表1.2。

注意:如果电源容量不够需要外接24V直流电源,外接电源的L+不能与传感器电源的L+连接。

表1.2　　　　　　　　　　S7-200CPU的供电能力

CPU	5V可以供电流/mA	24V可以供电流/mA
CPU221	—	180
CPU222	340	180
CPU224/224XP	660	280
CPU226	1000	400

S7-200 CPU自带有数字量输入和输出,其技术指标见表1.3和表1.4。

表1.3　　　　　　　　　　S7-200 CN数字量输入技术指标

项　目	DC 24V输入(不包括CPU224XP)	DC 24V输入(CPU224XP)
输入类型	漏型/源型(IEC类型1)	漏型/源型(IEC类型1,I0.3~I0.5除外)
输入电压额定值	DC 24V,典型值4mA	
输入电压浪涌值	35V/0.5s	
逻辑1信号(最小)	DC 15V,2.5mA	I0.3~I0.5为DC 4V,8mA;其余为DC 15V,2.5mA
逻辑0信号(最大)	DC 5V,1mA	I0.3~I0.5为DC 1V,1mA,其余为DC 5V,1mA
输入延迟	0.2~12.8ms可选择	
连接2线式接近开关的允许漏电流	最大1mA	
光隔离	AC 500V,1min	
高速计数器输入逻辑1电平	DC 15~30V:单相20kHz,两相10kHz;DC 15~26V:单相30kHz,两相20kHz	
CPU224XP的HSC4和HSC5的输入	逻辑1电平>DC 4V时,单相200kHz,两相100kHz	
电缆长度	非屏蔽300m,屏蔽电缆500m,高速计数器50m	

表 1.4　　　　　　　　　　S7-200 CN 数字量输出技术指标

输出类型	DC 24V 输出（不包括 CPU224XP）	DC 24V 输出（CPU224XP）	继电器型输出
输出电压额定值 输出电压允许范围	DC 24V DC 20.4～28.8V	DC 24V DC 5～28.8V（Q0.0～Q0.4） DC 20.4～28.8V（Q0.5～Q1.1）	DC 24V 或 AC 250V DC 5～30V，AC 5～250V
浪涌电流	最大 8A，100ms	最大 8A，100ms	5A，4s，占空比 0.1
逻辑 1 输出电压 逻辑 0 输出电压	DC 20V，最大电流时 DC 0.1V，10kΩ 负载	L+减 0.4V，最大电流时 DC 0.1V，10kΩ 负载	—
逻辑 1 最大输出电流 逻辑 0 最大漏电流 灯负载 接通状态电阻 每个公共端的额定电流	0.75A（电阻负载） 10μA 5W 0.3Ω，最大 0.6Ω 6A	0.75A（电阻负载） 10μA 5W 0.3Ω，最大 0.6Ω 3.75A	2A（电阻负载） — DC 30W/AC 200W 新的时候最大 0.2Ω 10A
感性箝位电压	L+减 DC 48V，1W 功耗	—	—
从关断到接通最大延时 从接通到关断最大延时 切换最大延时	Q0.0 和 Q0.1 为 2μs，其他 15μs Q0.0 和 Q0.1 为 10μs，其他 130μs —	Q0.0 和 Q0.1 为 0.5μs，其他 15μs Q0.0 和 Q0.1 为 1.5μs，其他 130μs —	— — 10ms
最高脉冲频率	20kHz（Q0.0 和 Q0.1）	100kHz（Q0.0 和 Q0.1）	1Hz

2. 数字量扩展模块

可以选用的数字量扩展模块见表 1.5，有 8 点、16 点、32 点和 64 点的数字量输入和输出模块。

表 1.5　　　　　　　　　　　　数 字 量 扩 展 模 块

型　　号	各组输入点数	各组输出点数
EM221 CN，8 输入 DC 24V	4，4	
EM221，8 输入 AC 230V	8 点相互独立	
EM221 CN，16 输入 DC 24V	4，4，4，4	
EM222，4 输出 DC 24V，5A		4 点相互独立
EM222，4 继电器输出，10A		4 点相互独立
EM222 CN，8 输出 DC 24V		4，4
EM222 CN，8 继电器输出		4，4
EM222，8 输出 AC 230V		8 点相互独立
EM223 CN，4 输入/4 输出 DC 24V	4	4
EM223 CN，4 输入 DC 24V/4 继电器输出	4	4
EM223 CN，8 输入 DC 24V/8 继电器输出	4，4	4，4
EM223 CN，8 输入/8 输出 DC 24V	4，4	4，4
EM223 CN，16 输入/16 输出 DC 24V	8，8	4，4，8
EM223 CN，16 输入 DC 24V/16 继电器输出	8，8	4，4，4，4
EM223，32 输入/32 输出 DC 24V	16，16	16，16
EM223，32 输入 DC 24V/32 继电器输出	16，16	11，11，10

3. 模拟量扩展模块

S7-200 系列 PLC 除了 224XP 自带 2 路模拟量输入，1 路模拟量输出外，均需要扩展模拟量模块满足模拟量输入和输出的需要。可选用的模拟量扩展模块见表 1.6。

表 1.6　　　　　　　　　　　模 拟 量 扩 展 模 块

型　号	点　数	型　号	点　数
EM231 CN	4 路模拟量输入	EM232 CN	2 路模拟量输出
EM231 CN	2 路热电阻输入	EM235 CN	4 路模拟量输入，1 路模拟量输出
EM231 CN	4 路热电偶输入		

模拟量模块的分辨率为 12 位，单极性全量程范围对应的数字量为 0～32000，双极性全量程范围对应的数字量为-32000～32000。

4. 模块端子接线

(1) CPU 的供电电源接线。S7-200 的 CPU 有两种供电形式：直流 24V 和交流 110/220V，接线端在 CPU 的右上角。图 1.10 为采用直流供电，L+ 和 M 端子分别接直流 24V 的正极和负极。图 1.11 为交流供电，L1 和 N 端子分别接交流电的相线和零线端，此外还要保护接地（PE）端子。

注意：直流供电和交流供电的接线端标号是不同的，要注意区分清楚，接错电源会损坏设备。

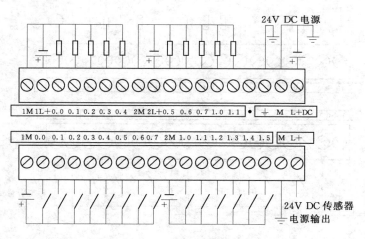

图 1.10　数字量输入/输出、输入电源 DC 24V 接线

(2) 数字量输入端接线。数字量输入一般都是 DC 24V，需要接通 24V 构成闭合回路，才输入信号。为了便于连接不同设备，或者使用不同的电源，数字量输入端几个点组成一组，每组共享一个电源公共端子，如图 1.10、图 1.11 所示的数字量输入。如果设备都不需要回路独立，而且电源共用，就可以将电源公共端子连在一起，如图 1.12 所示。

(3) 数字量输出接线。数字量输出允许使用的电压，与输出的类型有关，如果输出是晶体管型，只能使用直流 24V。如果输出是继电器型，使用直流 24V 和交流 220V 都可以。为了便于连接不同设备，或者使用不同的电源，数字量输出端几个点组成一组，每组

项目 1 可编程序控制器基础

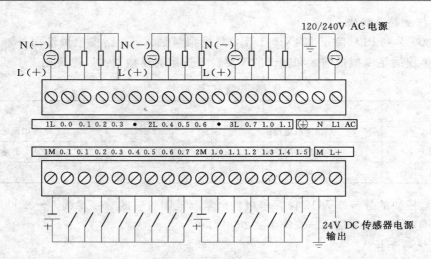

图 1.11 数字量输入 DC 24V,数字量输出、输入电源 AC 220V 接线

共享一个电源公共端子,如图 1.10、图 1.11 所示的数字量输出。同样,如果设备都不需要回路独立,而且电源共用,就可以将数字量输出的电源公共端子连在一起,如图 1.12 所示。

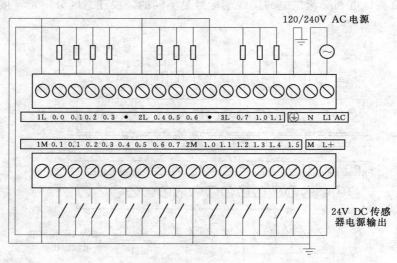

图 1.12 数字量输入/输出采用 PLC 的 DC 24V 接线

习 题

一、填空题

1. PLC 主要由_____、_____、_____、_____等部分组成,其中_____是 PLC 的核心。

2. PLC 的 I/O 接口一般都具有_____和滤波功能,以提高 PLC 的抗干扰能力。

3. PLC 的循环_____工作方式，当 PLC 投入运行后，其工作过程一般分为三个阶段，即_____、_____和_____三个阶段。

4. PLC 的类型按照组成结构形式分为_____、_____、_____；按照 I/O 点数及内存容量分为_____、_____、_____。

5. 继电器输出 PLC，为_____触点输出方式，相对晶体管输出来说，触点允许电流_____，动作速度_____，适用于_____负载或_____负载；晶体管输出为_____触点输出方式，触点允许电流_____，动作速度_____，适用于_____负载。

二、简答题

1. 简述 PLC 的定义。

2. PLC 有哪些主要特点？

3. PLC 有哪些应用领域？

4. 有一台 CPU224PLC，控制的负载有 DC 24V 指示灯 1 个，AC 220V 交流接触器 1 个；数字量输入有按钮 2 个，请画出电路图。

5. 西门子 S7-200PLC 顶面的右端中间位置标示有"AC/DC/RLY"三分段字母，分别表示什么？

项目 2

STEP 7 – Micro/WIN 编程软件与仿真软件应用

任务 2.1 认知 STEP 7 – Micro/WIN 编程软件的安装与软件界面

知识目标：
(1) 认知 STEP 7 – Micro/WIN 编程软件的安装环境要求。
(2) 认知 STEP 7 – Micro/WIN 编程软件的安装方法。

技能目标：
(1) 能安装 STEP 7 – Micro/WIN 编程软件。
(2) 能排除 STEP 7 – Micro/WIN 编程软件安装故障。
(3) 能更改 STEP 7 – Micro/WIN 编程软件界面语言。

任务描述：
在 Windows XP 或 Windows 7 环境下安装 STEP 7 – Micro/WIN V4.0 SP6 编程软件，安装完成后把编程界面改成中文状态。

任务分析：
STEP 7 – Micro/WIN 软件安装包是基于 Windows 的应用软件，目前最新的版本是 V4.0 SP6。V4.0 SP6 版本的软件安装与运行需要 Windows 2000/SP3、Windows XP 或 Windows 7 操作系统。Windows 8 以上版本的操作系统须修改安装文件及系统注册表，为保证 STEP 7 – Micro/WIN V4.0 SP6 软件的正常使用，建议 Windows 8 以上版本的操作系统的用户使用 Windows XP 虚拟机进行 STEP 7 – Micro/WIN V4.0 SP6 软件安装。

实施步骤：
(1) 准备好西门子 STEP 7 – Micro/WIN V4.0 SP6 光盘或镜像文件，安装文件如图 2.1 所示。

(2) 双击图 2.1 中的"Setup.exe"文件进行安装，在选择语言栏中选"英语"，然后单击确定按钮，如图 2.2 所示。

(3) 单击图 2.3 中的"Next"按钮。

(4) 选择图 2.4 中的"Yes"键进行安装。

(5) 软件在安装至 90% 时稍停滞（图 2.5），此时软件在后台安装 PC/PG（图 2.6），约 5min 后软件自动继续安装。

(6) STEP 7 – Micro/WIN V4.0 SP6 在引导系统框架（Net Framework）安装，选择

任务 2.1 认知 STEP 7 – Micro/WIN 编程软件的安装与软件界面

图 2.1　STEP 7 – Micro/WIN V4.0 SP6 安装文件

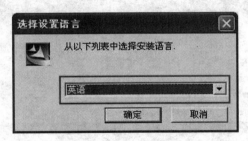

图 2.2　STEP 7 – Micro/WIN V4.0 SP6 安装界面（一）

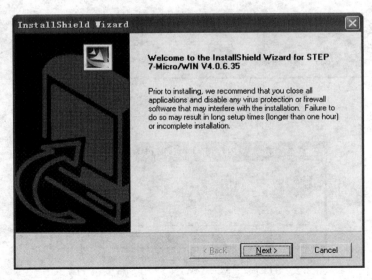

图 2.3　STEP 7 – Micro/WIN V4.0 SP6 安装界面（二）

项目2 STEP 7 – Micro/WIN 编程软件与仿真软件应用

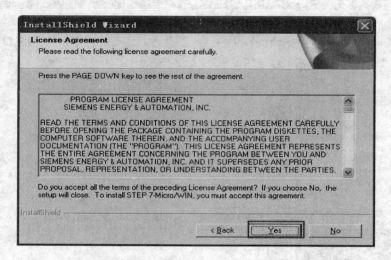

图 2.4 STEP 7 – Micro/WIN V4.0 SP6 安装界面（三）

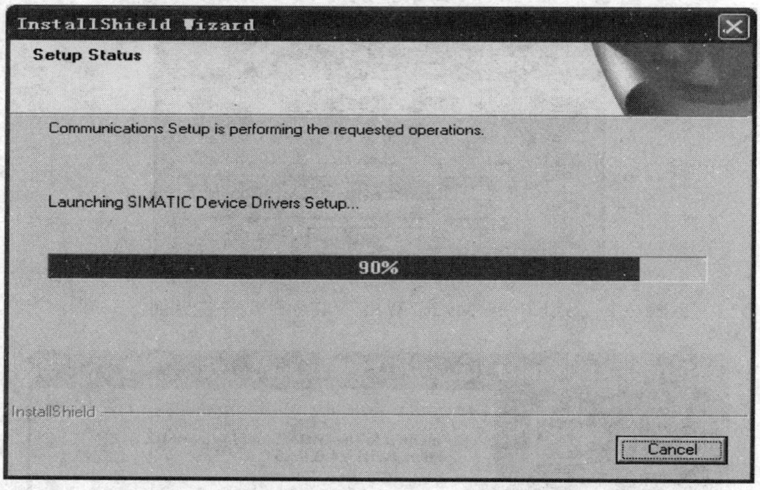

图 2.5 STEP 7 – Micro/WIN V4.0 SP6 安装界面（四）

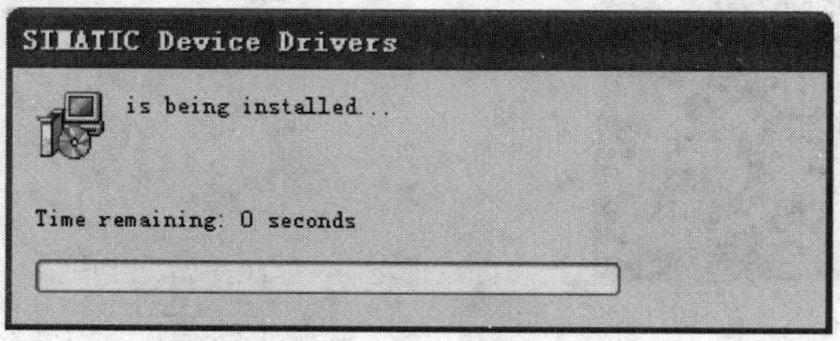

图 2.6 STEP 7 – Micro/WIN V4.0 SP6 安装 PC/PG

任务 2.1　认知 STEP 7 – Micro/WIN 编程软件的安装与软件界面

如图 2.7 中的接受许可选项并单击"安装"按钮进行安装。

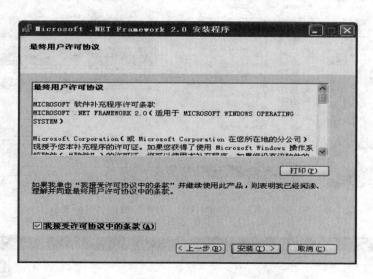

图 2.7　Net Framework 安装界面

（7）STEP 7 – Micro/WIN V4.0 SP6 安装完成，重启 Windows 系统后可见 STEP 7 – Micro/WIN 在桌面上的图标。

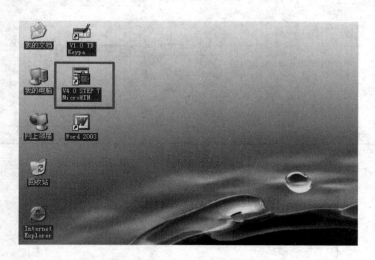

图 2.8　STEP 7 – Micro/WIN V4.0 SP6 的启动图标

（8）把带英文的软件界面转换为中文界面，打开 STEP 7 – Micro/WIN V4.0 SP6 软件，选择 Tools 菜单下的 Options 选项，如图 2.9 所示。

（9）弹出图 2.10，在图中左侧选项框中选择"General"，右侧的 Language 中选"Chinese"。然后单击"OK"按钮，保存后退出，如图 2.11 所示。

（10）STEP 7 – Micro/WIN V4.0 SP6 安装及初始设置完成，编程界面如图 2.12 所示。

19

项目2　STEP 7 – Micro/WIN 编程软件与仿真软件应用

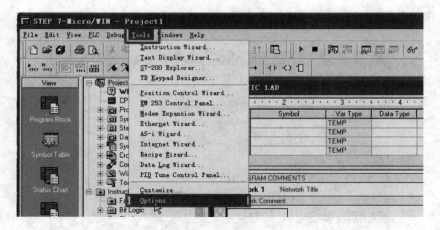

图2.9　STEP 7 – Micro/WIN V4.0 SP6 界面语言选择操作（一）

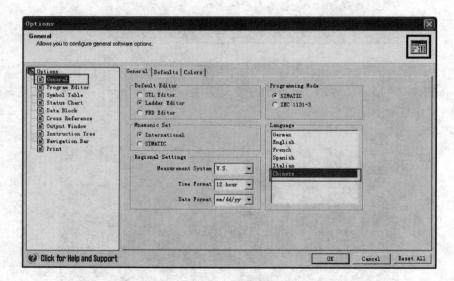

图2.10　STEP 7 – Micro/WIN V4.0 SP6 界面语言选择操作（二）

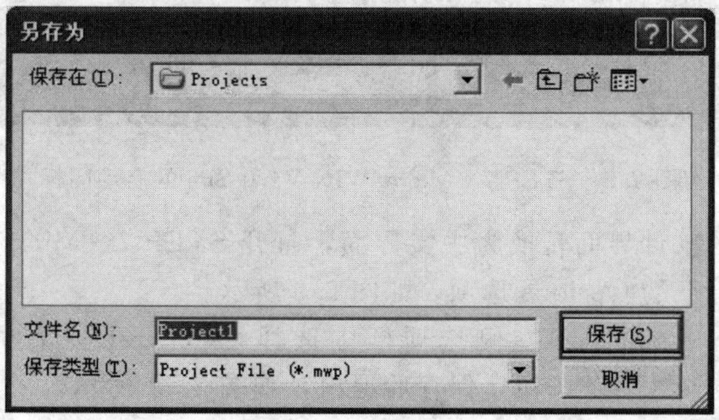

图2.11　STEP 7 – Micro/WIN V4.0 SP6 界面语言选择操作（三）

任务 2.2 STEP 7 – Micro/WIN 编程软件的使用

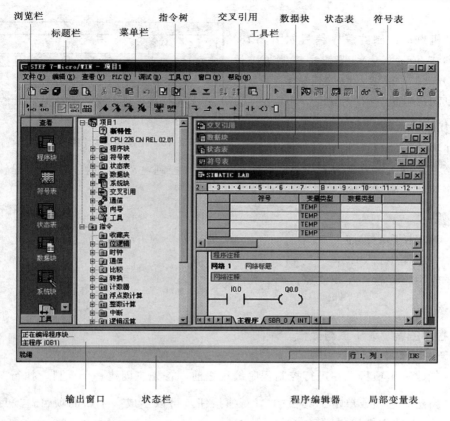

图 2.12 STEP 7 – Micro/WIN V4.0 SP6 编程界面

任务 2.2 STEP 7 – Micro/WIN 编程软件的使用

知识目标：

（1）认知 STEP 7 – Micro/WIN 编程软件界面、常用菜单和工具栏按钮等功能。
（2）认知 STEP 7 – Micro/WIN 符号表的作用和基本使用方法。
（3）认知 STEP 7 – Micro/WIN 编程软件监控及运行组件。
（4）认知 S7 – 200 程序调试方法。

技能目标：

（1）能使用 STEP 7 – Micro/WIN 编程软件进行程序编写。
（2）能下载程序到 PLC 及上传 PLC 中的程序。
（3）能使用 STEP 7 – Micro/WIN 符号表增加程序可读性。
（4）能用 STEP 7 – Micro/WIN 监控调试。

任务描述：

应用 STEP 7 – Micro/WIN 编程软件，编写电动机点动控制的程序、下载与上传、程序调试。

电动机点动控制的程序编写如图 2.13 所示,图中 I0.1(启动按钮)控制 Q0.1(电动机)。I0.1 接通,电动机启动,I0.1 断开,电动机停机。

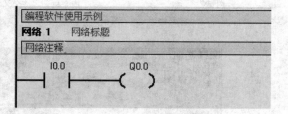

图 2.13 电动机点动控制的梯形图程序

任务分析:

本任务中为编程软件简单使用的实例,I0.1 为数字量输入的常开触点,Q0.1 为输出线圈,控制电动机启停。应用编程软件可以完成程序编写、调试。

实施步骤:

(1) 编写梯形图程序。
(2) 下载程序到 PLC。
(3) 应用编程软件在线监控,调试程序。

知识连接:

2.2.1 程序的编写、下载与上传

1. 程序的编写

(1) 创建一个项目。在进行控制程序编程之前,首先应创建一个项目。执行菜单"文件"→"新建"选项或单击工具栏新建按钮,可以生成一个新的项目,项目以扩展名为".mwp"的文件格式保存。

(2) 设置与读取 PLC 的型号。在对 PLC 编程之前,应正确地设置其型号,以防止创建程序时发生编辑错误。如果指定了型号,指令树用红色标记"X",表示对当前选择的 PLC 无效的指令。设置与读取 PLC 的型号可以有两种方法:

方法一:执行菜单"PLC"→"类型"选项,在出现的对话框中,可以选择 PLC 型号和 CPU 版本如图 2.14 所示。如果未能确认 PLC 型号和 CPU 版本,在 PLC 已经通电并与电脑连接情况下,单击"读取 PLC"按钮,由软件读取 PLC 型号和 CPU 版本。

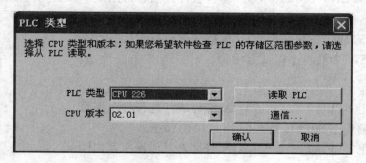

图 2.14 设置 PLC 的型号

方法二:展开指令树的"项目 1",然后双击其下的 PLC 型号和 CPU 版本选项,在

弹出的对话框中按照第一种介绍的方法进行设置即可。

(3) 选择编程语言和指令集。S7-200 系列 PLC 支持的指令集有 SIMATIC 和 IEC1131-3 两种。SIMATIC 编程模式选择,可以执行菜单"工具"→"选项"→"常规"→"SIMATIC"选项来确定。

编程软件可实现 3 种编程语言之间的任意切换,执行菜单"查看"→"LAD"(梯形图)或"STL"(助记符)或"FBD"(功能块)选项便可进入相应的编程环境。

(4) 确定程序的结构。简单的数字量控制程序一般只有主程序,系统较大、功能复杂的程序除了主程序外,可能还有子程序(如 SBR_0)、中断程序(如 INT_0)。编程时可以点击编辑

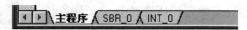

图 2.15 用户程序结构选择编辑窗口

窗口下方的选项来实现切换以完成不同程序结构的程序编辑。用户程序结构选择编辑窗口如图 2.15 所示。

主程序在每个扫描周期内均被顺序执行一次。子程序的指令放在独立的程序块中,仅在被程序调用时才执行。中断程序的指令也放在独立的程序块中,在中断事件发生时操作系统调用中断程序。

(5) 梯形图的编辑。在梯形图编辑窗口中,梯形图程序被划分成若干个网络,一个网络中只能有一个独立电路块。如果一个网络中有两个独立电路块,在编译时输出窗口将显示"1个错误",待错误修正后方可继续。可以对网络中的程序或者某个编程元件进行编辑,执行删除、复制或粘贴操作。

程序编写:

第一步:首先打开 STEP 7-Micro/WIN4.0 编程软件,进入主界面,STEP 7-Micro/WIN4.0 编程软件主界面如图 2.16 所示。

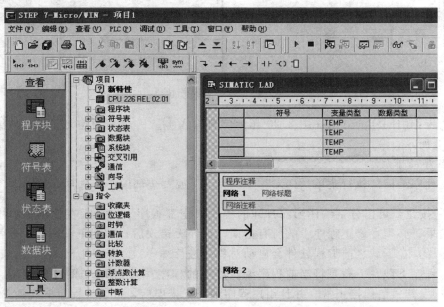

图 2.16 STEP 7-Micro/WIN4.0 编程软件主界面

图 2.17 选取触点

第二步：单击窗口左边的浏览栏的"程序块"按钮，打开程序编辑器。

第三步：在程序编辑器中，把光标定位到将要输入编程元件的地方。

第四步：可直接在指令工具栏中单击常开触点按钮，选取触点如图 2.17 所示。在打开的位逻辑指令中单击 图标选项，选择常开触点如图 2.18 所示。常开触点符号会自动写入到光标所在位置，如图 2.19 所示。也可以在窗口左边的指令树中展开"位逻辑"选项，然后双击常开触点输入，或按着鼠标左键，拖到相应位置。

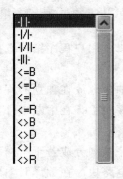

图 2.18 选择常开触点

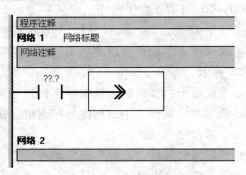

图 2.19 输入常开触点

第五步：在???中输入操作数 I0.1，如图 2.20 所示。

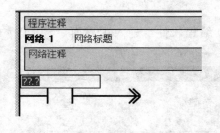

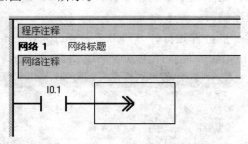

图 2.20 输入操作数 I0.1

第六步：用同样的方法在图 2.20 光标位置输入 -( )-，并填写对应地址 Q0.1 编辑结果如图 2.13 所示。

2. 程序的下载

（1）程序编译。执行菜单"PLC"→"编译"或"全部编译"选项，或单击工具栏的 ☑ 或 ☑ 按钮，可以分别编译当前打开的程序或全部程序。编译后在输出窗口中显示程序编译结果，必须在修正程序中的所有错误，编译无错误后，才能下载程序。若没有对程序进行编译，在下载之前编程软件会自动对程序进行编译。

（2）程序下载。下载是将当前程序编辑器中的程序写入到 PLC 的存储器中。计算机与 PLC 建立其通信连接正常，并且用户程序编译无错误后，可以将程序下载到 PLC 中。

第一步：设置通信参数，搜索 PLC 及其地址。单击指令树下的"通信"，弹出如图

任务 2.2 STEP 7-Micro/WIN 编程软件的使用

2.21 所示通信对话框。

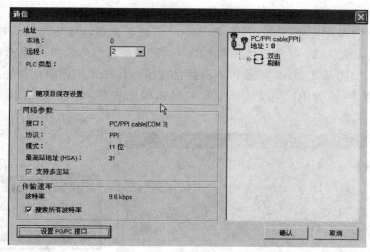

图 2.21 通信参数设置（一）

第二步：设置 PG/PC 参数，按图 2.22 设置参数，本地连接中通常选 COM1，如是 USB 类型的 PPI 下载电缆则选择 USB，使用其他转换类的数据线请选择已设置好对应的端口。

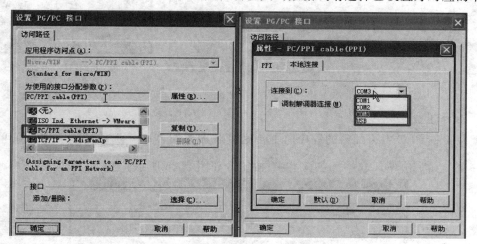

图 2.22 通信参数设置（二）

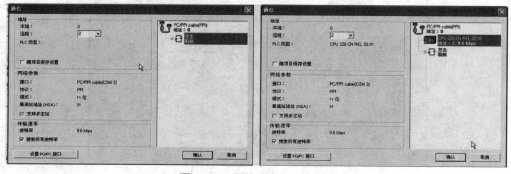

图 2.23 选择对应 CPU 型号

项目2　STEP 7 – Micro/WIN 编程软件与仿真软件应用

第三步：刷新 PLC 信息后选择对应 CPU 型号 PLC 然后单击"确定"按钮，如图 2.23 所示。

第四步：下载操作可执行菜单"文件"→"下载"选项，或单击工具栏 按钮，弹出下载对话框，如图 2.24 所示，然后单击图中的下载按钮，弹出提示设置 PLC 为 STOP 模式的消息框，如图 2.25（a）所示，单击确定按钮，程序开始下载。程序下载完成，自动弹出提示设置 PLC 为 RUN 模式消息框，单击确定按钮，PLC 进入运行模式，如图 2.25（b）所示。

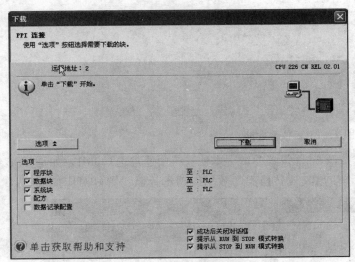

图 2.24　程序下载对话框

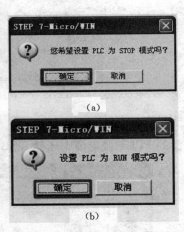

图 2.25　PLC STOP/RUN 模式选择

3. 程序上载

上载是将 PLC 中未加密的程序向上传送到程序编辑器中。上载操作可执行菜单"文件"→"上载"选项，或单击工具栏 按钮，如图 2.26 所示。

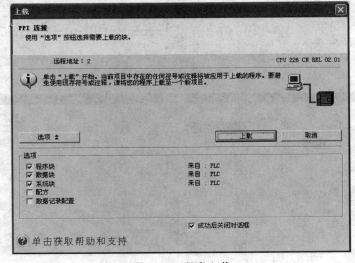

图 2.26　程序上载

任务 2.2　STEP 7 – Micro/WIN 编程软件的使用

4. 程序保存

在菜单单击"文件"——"保存",弹出图 2.27 对话框,可以保存。

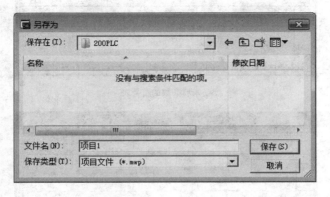

图 2.27　保存上载程序

2.2.2　符号表与符号地址的使用

添加符号表,将各 I/O 等电器符号用中文注释,可以增加程序的可读性,在较复杂的系统作用更大。

(1) 单击指令树下的"符号表"→单击鼠标右键→"插入新符号表",如图 2.28(a)所示,得到图 2.28(b)所示的"用户定义 1"符号表,用户可对该符号表进行重命名操作。

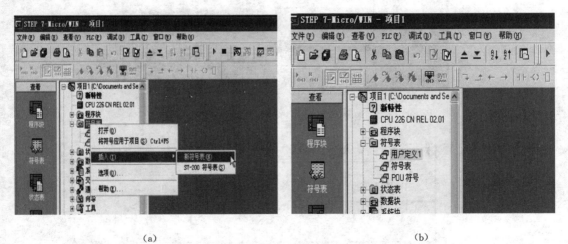

(a)　　　　　　　　　　　　　　　　(b)

图 2.28　创建新符号表

(2) 在图 2.28(b) 中双击"用户定义 1",弹出符号表窗口,如图 2.29(a)所示,此时用户根据项目 I/O 分配表对符号表进行编辑,如图 2.29(b)所示。

(3) 符号表编号完成后,在菜单"查看"——"符号表"——"将符号表应用于项目",如图 2.30 所示。然后勾选菜单"符号寻址",则梯形图指令上方出现符号表的信息;如果再勾选菜单"符号表信息",符号表出现在梯形图下方,如图 2.31 所示。

(a) 未填参数的符号表

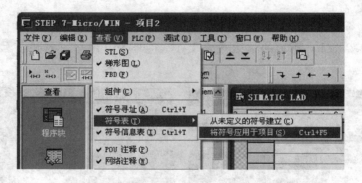

(b) 填参数的符号表

图 2.29　S7-200 符号表

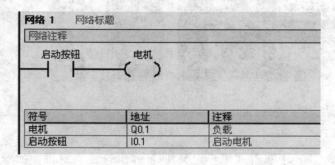

图 2.30　显示符号表信息操作

图 2.31　显示符号表信息的梯形图程序

2.2.3　用编程软件监控与调试程序

程序的运行监控及调试是程序开发的重要环节，很少有程序一经编制就是完整的，只有经过调试运行甚至现场运行后才能发现程序中不合理的地方，从而进行修改。STEP 7-

Micro/WIN4.0 编程软件提供了一系列工具，可使用户直接在软件环境下监视并调试用户程序的执行。

本任务意旨在于对初步编写的程序进行验证性调试，首先把 2.2.1 中的程序下载至 PLC，然后置 PLC 于 RUN 状态，运行监控组件查看程序是否达设计目标。

1. 程序的运行

程序下载到 PLC 后，单击工具栏的 ▶ 按钮，或执行菜单"PLC"→"运行"选项，在对话框中单击"确定"按钮进入运行模式，这时黄色 STOP（停止）状态指示灯灭，绿色 RUN（运行）灯点亮。

2. 程序的监控及调试

在程序调试中，经常采用程序状态监控、状态表监控和趋势图监控三种监控方式反映程序的运行状态。下面结合示例介绍基本使用情况。

（1）程序状态监控。单击工具栏中的 按钮，或执行菜单"调试"→"开始程序状态监控"选项，进入程序状态监控。启动程序运行状态监控后：①当 I0.1 触点断开时，程序状态如图 2.32 所示；②当 I0.1 触点接通瞬间，程序状态如图 2.33 所示。

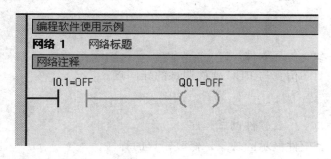

图 2.32　编程软件使用示例的程序状态

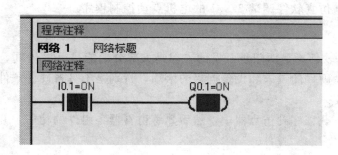

图 2.33　编程软件使用示例的程序状态

在监控状态下，"能流"通过的元件将显示蓝色，通过施加输入，可以模拟程序实际运行，从而检验我们的程序。

（2）状态表监控。可以使用状态表来监控用户程序，还可以采用强制表操作修改用户程序的变量。编程软件使用示例的状态表监控如图 2.34 所示，在当前值栏目中显示了各元件的状态和数值大小。

	地址	格式	当前值	新值
1	I0.1	位	2#0	
2	Q0.1	位	2#1	

图 2.34 编程软件使用示例的状态表监控

可以选择下面办法之一来进行状态表监控：

1）执行菜单"查看"→"组件"→"状态表"。

2）单击浏览栏的"状态表"按钮。

3）单击装订线，选择程序段，单击鼠标右键，选择"创建状态图"命令，能快速生成一个包含所选程序段内各元件的新的表格。

（3）趋势图监控。趋势图监控是采用编程元件的状态和数值大小随时间变化关系的图形监控。可单击工具栏的 ▦ 按钮，将状态表监控切换为趋势图监控。

任务 2.3　S7-200 仿真软件的使用

知识目标：

（1）认知 S7-200 仿真软件。

（2）认知 S7-200 仿真与 PLC 硬件调试的异同点。

技能目标：

（1）能用 S7-200 仿真软件调试程序。

（2）能根据仿真软件显示的现象，修改错误的程序。

任务描述：

利用 S7-200 仿真软件调试 2.2.1 的电机点动控制程序。

任务分析：

S7-200 仿真软件不是西门子开发的，但是大部分功能是可以仿真。利用仿真软件来调试程序，能减少硬件的投入和设备连接的繁琐，特别是不具备硬件条件的情况下，软件仿真显得尤为重要。

本任务首先下载程序到仿真器中，然后熟练仿真器各组件的功能，并观察仿真界面的变化。

实施步骤：

（1）用 S7-200 编程软件编写好程序，单击菜单"文件-导出"如图 2.35 所示，然后导出到你需要存放的位置（如电脑桌面），导出来的文件为 .awl 文件。

（2）打开 S7-200 仿真软件，灰色部分是仿真 CPU，右边 1~6 个方框，是可以扩展模块的位置。CPU 模块的上侧一排灰白色的小方点是输出指示灯，下侧一排灰白色的小方点是输入指示灯，如果接通时变青色。

任务 2.3 S7-200 仿真软件的使用

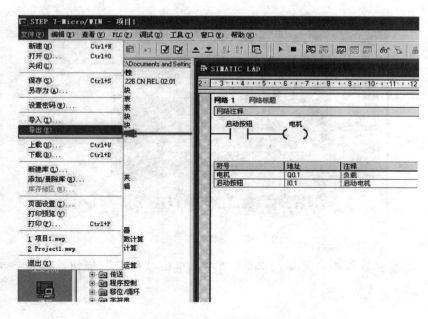

图 2.35 导出程序

仿真 CPU 下方一排模拟开关,已经与 CPU 的数字量输入端连接,单击一次,模拟开关闭合,再单击一次断开。

单击菜单"配置-CPU 型号"或双击仿真 PLC,在弹出的对 CPU 话框选择你编写程序时的 PLC 型号,单击"Accept"按钮,如图 2.36 所示。

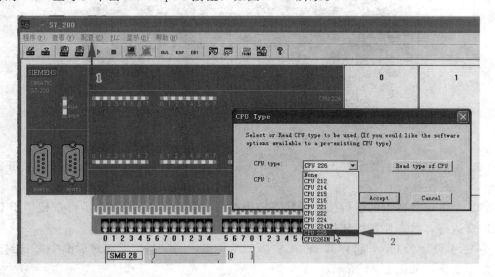

图 2.36 配置-CPU 型号

(3) 配置好仿真软件的 PLC 型号后,单击菜单"程序-装载程序",如图 2.37 所示。

在弹出"装载程序"对话框,勾选所有选项,在"导入的文件版本"框架中选择你相

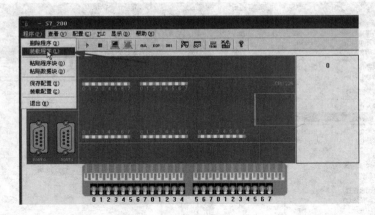

图 2.37 装载程序（一）

应 S7-200 的编程软件版本，如图 2.38 所示。单击"确定"按钮，找到导出的 .awl 文件。

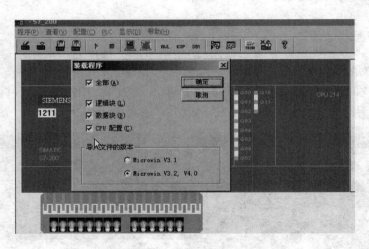

图 2.38 装载程序（二）

（4）装载程序后，提示"The file cannot open to read data"单击"确定"，如图 2.39 所示。

（5）单击仿真器上的运行按钮及状态监控按钮，如图 2.40 所示。运行按钮用于 CPU 进入仿真运行，状态监控按钮用于监控梯形图。

将 I0.1 设置为 ON，可以看 Q0.1 也为 ON 状态，同时在梯形图对话框中可看到通断状态发生变化，如图 2.41 所示。

（6）要查看地址的状态，可以单击菜单"查看-内存监视"，会弹出"内存表"对话框，输入需要查看的地址，单击"开始"，会显示出相应地址的当前值，还可以对此地址赋新值，如图 2.42 所示。

任务 2.3　S7-200 仿真软件的使用

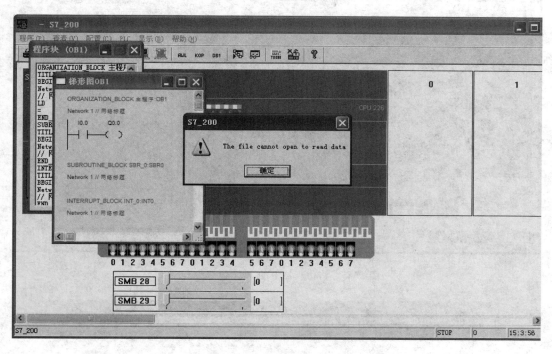

图 2.39　装载程序（三）

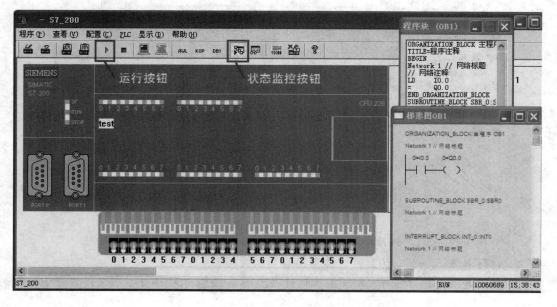

图 2.40　运行仿真器上的监控按钮

项目 2　STEP 7 – Micro/WIN 编程软件与仿真软件应用

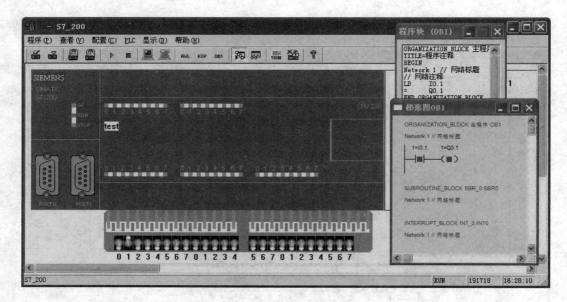

图 2.41　将仿真器上的 I0.1 设置为 ON

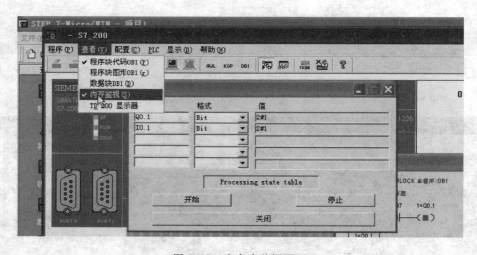

图 2.42　内存表监视画面

习　　题

1. 请在 Windows 7 环境中安装 STEP 7 – Micro/WIN 编程软件。
2. 自行下载 S7 – 200 仿真器,体验仿真器的使用。
3. 利用 STEP 7 – Micro/WIN 编程软件做出图 2.13 所示程序并下载至仿真器中运行。

项目 3

S7-200 编程基础

任务 3.1　认知 PLC 的编程语言

知识目标：

认知 S7-200 PLC 编程语言的种类和特点。

技能目标：

能分析各种编程语言的优缺点。

知识链接：

PLC 的软硬件系统相对比较封闭，各厂家的编程语言和指令系统均不一样，互不兼容。PLC 的编程语言主要有梯形图（LAD）、语句表（STL）、功能块图（FBD）、顺序功能图（SFC）、结构化文本（SCL）这五种，不同的编程语言可供不同知识背景的人员采用。在 S7-200 的编程软件中，用户可以选用语句表、梯形图和功能块图来编程，下面分别介绍这三种编程语言。

3.1.1　语句表

语句表（STL）语言类似于计算机的汇编语言，特别适合于来自计算机领域的工程人员。用指令助记符创建用户程序，属于面向机器硬件的语言。在设计数学运算等高级应用程序时，建议使用语句表。

语句表是由若干条语句组成的程序，每条操作功能由一条语句来表示。PLC 的语句由指令操作码和操作数两部分组成。操作码由助记符表示，用来说明操作的功能，告诉 CPU 做什么。例如逻辑运算的与、或、非等；算术运算的加、减、乘、除等。操作数一般由标识符和参数组成。标识符表示操作数类别，参数表示操作数的地址或预定值，STEP 7-Micro/WIN 的语句表如图 3.1 所示。

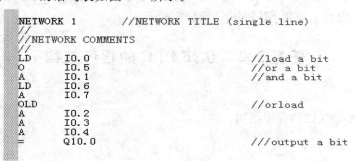

图 3.1　语句表举例

3.1.2 梯形图

梯形图（LAD）是一种图形语言，比较形象直观，容易掌握，在各种编程语言中，以梯形图最为常用。梯形图与继电器控制电路图的表达方式极为相似，逻辑关系明显，适合于熟悉继电器控制电路的用户使用，电气技术人员容易接受，特别适用于设计复杂的数字量逻辑控制。STEP 7 - Micro/WIN 的梯形图如图 3.2 所示。

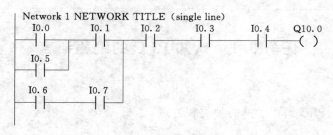

图 3.2 梯形图举例

3.1.3 功能块图

功能块图（FBD）的图形结构与数字电子电路的结构极为相似，一些复杂的功能指令能用指令框表示，一般用一个指令框表示一种功能，框图内的符号表达了该框图的运算功能。国内很少有人使用功能块图。STEP 7 - Micro/WIN 的功能块图如图 3.3 所示。

知识拓展：

SIMATIC 指令集与 IEC61131 - 3 指令集。

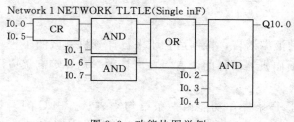

图 3.3 功能块图举例

在 S7-200 系列 PLC 支持的指令集有 SIMATIC 和 IEC1131-3 两种。SIMATIC 是专为 S7-200PLC 设计的，专用性强，采用 SIMATIC 指令编写的程序执行时间短，可以使用 LAD、STL、FBD 三种编辑器。IEC61131-3 指令集是按国际电工委员会（IEC）PLC 编程标准提供的指令系统，作为不同 PLC 厂商的指令标准。有些 SIMATIC 所包含的指令，在 IEC61131-3 中不是标准指令。IEC1131-3 标准指令集适用于不同厂家 PLC，可以使用 LAD 和 FBD 两种编辑器。本教材主要用 SIMATIC 编程模式。

任务 3.2 认知 PLC 的程序结构

知识目标：

认知 S7-200 PLC 的程序结构。

技能目标：

能分析程序中的调用关系、程序执行过程。

知识链接：

S7-200 PLC 程序主要由主程序、子程序和中断程序组成。

3.2.1 主程序

主程序是程序的主体，每个项目都必须并且只能有一个主程序。在主程序中可以调用子程序和中断程序。主程序通过指令控制整个应用程序的执行，每个扫描周期都要执行一次主程序。

3.2.2 子程序

子程序是在被其他程序调用时执行。同一个子程序可以在不同的地方被多次调用。使用子程序可以简化程序代码和减少扫描时间。设计得好的子程序容易移植到别的项目中去。

3.2.3 中断程序

中断程序用来及时处理与用户程序的执行时序无关的操作，或者不能事先预测何时发生的中断事件。中断程序不是由用户程序调用，而是在中断事件发生时由操作系统调用。中断程序是用户编写的。因为不能预知何时会出现中断事件，所以不允许中断程序改写可能在其他程序中使用的存储器。程序结构如图 3.4 所示。

S7-200 的中断功能具有用于实时控制、高速处理、通信和网络等复杂和特殊的控制任务。中断就是终止当前正在运行的程序，去执行为立即响应的信号而编制的中断服务程序，执行完毕再返回原先被终止的程序并继续运行。

中断源即发出中断请求的事件，又称为中断事件。为了便于识别，系统给每个中断源都分配一个编号，称为中断事件号。S7-200 系列可编程控制器最多有 34 个中断源，分为三大类：通信中断、输入/输出中断和时基中断。

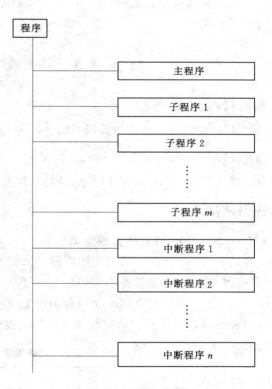

图 3.4 中断程序结构

1. 通信中断

PLC 的串行通信口可以由用户程序控制，通信口的这种操作模式称为自由端口模式。在该模式下，接收报文完成、发送报文完成和接收一个字符均可以产生通信中断事件，利用接收和发送中断可以简化程序对通信的控制。

2. 输入/输出中断（I/O 中断）

I/O 中断包括外部输入上升/下降沿中断、高速计数器中断和高速脉冲输出中断。

S7-200 用输入（I0.0、I0.1、I0.2 或 I0.3）上升/下降沿产生中断。这些输入点用于捕获在发生时必须立即处理的事件。高速计数器中断指对高速计数器运行时产生的事件实时响应，包括当前值等于预设值时产生的中断，计数方向的改变时产生的中断或计数器外部复位产生的中断。脉冲输出中断是指预定数目脉冲输出完成而产生的中断。

3. 时基中断

时基中断包括定时中断和定时器 T32/T96 中断。定时中断用于支持一个周期性的活动。周期时间从 1~255ms，时基是 1ms。使用定时中断 0，必须在 SMB34 中写入周期时间；使用定时中断 1，必须在 SMB35 中写入周期时间。将中断程序连接在定时中断事件上，若定时中断被允许，则计时开始，每当达到定时时间值，执行中断程序。定时中断可以用来对模拟量输入进行采样或定期执行 PID 回路。定时器 T32/T96 中断指允许对定时间间隔产生中断。这类中断只能用时基为 1ms 的定时器 T32/T96 构成。当中断被启用后，当前值等于预置值时，在 S7-200 执行的正常 1ms 定时器更新的过程中，执行连接的中断程序。

任务 3.3　认知数据类型与寻址方式

知识目标：

认知 S7-200 PLC 的数据类型、CPU 的存储区和寻址方式。

技能目标：

能灵活运用 S7-200 PLC 的各种数据类型和两种寻址方式。

知识链接：

3.3.1　S7-200 PLC 的数据类型

S7-200 寻址时，可以使用不同的数据长度。不同的数据长度表示的数值范围不同。S7-200 指令也分别需要不同的数据长度。

S7-200 系列在存储单元所存放的数据类型有布尔型（BOOL）、整数型（INT）、实数型和字符串型四种。数据长度和数值范围见表 3.1。

表 3.1　　数据长度和数值范围

数据类型	数据长度		
	字节（8 位值）	字（16 位值）	双字（32 位值）
无符号整数	0~255 0~FF	0~65535 0~FFFF	0~4294967295 0~FFFF FFFF
有符号整数	−128~+127 80~7F	−32768~+32767 8000~7FFF	−217483648~+2147483647 8000 0000~7FFF FFFF
实数 IEEE32 位浮点数			+1.175495E−38~+3.402823E+38（正数） −1.175495E−38~−3.402823E+38（负数）

(1) 实数的格式。实数（浮点数）由 32 位单精度数表示，其格式按照 ANSI/IEEE 754—1985 标准中所描述的形式。实数按照双字长度来存取。对于 S7-200 来说，浮点数精确到小数点后第 6 位。因而当使用一个浮点数常数时，最多可以指定到小数点后第 6 位。

(2) 实数运算的精度。在计算中涉及非常大和非常小的数，则有可能导致计算结果不精确。

(3) 字符串的格式。字符串指的是一系列字符，每个字符以字节的形式存储。字符串的第一个字节定义了字符串的长度，也就是字符的个数。一个字符串的长度可以是 0 到 254 个字符，再加上长度字节，一个字符串的最大长度为 255 个字节。而一个字符串常量的最大长度为 126 字节。

(4) 布尔型数据（0 或 1）。布尔型数据只有两个值：0 或 1，常用英语单词 TURE（真）和 FALSH（假）来表示，对应二进制数中的"1"和"0"，常用于开关量的逻辑运算，存储空间为 1 位。

(5) S7-200CPU 不支持数据类型检测。例如：可以在加法指令中使用 VW100 中的值作为有符号整数，同时也可以在异或指令中将 VW100 中的数据当做无符号的二进制数。

(6) S7-200 提供各种变换指令。使用变换指令可以方便地进行数据制式及表达方式的变换。

3.3.2 S7-200 PLC 的数据存储区及元件功能

1. 输入继电器（I）

输入继电器用来接受外部传感器或开关元件发来的信号，是专设的输入过程映象寄存器。它只能由外部信号驱动。在每次扫描周期的开始，CPU 总对物理输入进行采样，并将采样值写入输入过程映象寄存器中。输入继电器一般采用八进制编号，一个端子占用一个点。它有 4 种寻址方式即可以按位、字节、字或双字来存取输入过程映象寄存器中的数据，其中，位、字节和字的关系如图 3.5 所示。

位：　　　　　　　　I [字节地址].[位地址]　　　如：I0.1
字节、字或双字：　　I [长度][起始字节地址]　　如：IB3 IW4 ID0

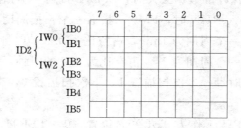

图 3.5　位、字节、字和双字关系图

2. 输出继电器（Q）

输出继电器是用来将 PLC 的输出信号传递给负载，是专设的输出过程映象寄存器。

它只能用程序指令驱动。在每次扫描周期的结尾，CPU将输出映象寄存器中的数值复制到物理输出点上，并将采样值写入，以驱动负载。输出继电器一般采用八进制编号，一个端子占用一个点。它有4种寻址方式即可以按位、字节、字或双字来存取输出过程映象寄存器中的数据。

位：　　　　　　　Q［字节地址］.［位地址］　　　如：Q0.2
字节、字或双字：Q［长度］［起始字节地址］　　如：QB2 QW6 QD4

3. 变量存储区（V）

用户可以用变量存储区存储程序执行过程中控制逻辑操作的中间结果，也可以用它来保存与工序或任务相关的其他数据。它有4种寻址方式即可以按位、字节、字或双字来存取变量存储区中的数据。

位：　　　　　　　V［字节地址］.［位地址］　　　如：V10.2
字节、字或双字：V［数据长度］［起始字节地址］　如：VB100、VW200，VD300

4. 位存储区（M）

在逻辑运算中通常需要一些存储中间操作信息的元件，它们并不直接驱动外部负载，只起中间状态的暂存作用，类似于继电器接触系统中的中间继电器。在S7-200系列PLC中，可以用位存储器作为控制继电器来存储中间操作状态和控制信息。一般以位为单位使用。

位存储区有4种寻址方式即可以按位、字节、字或双字来存取位存储器中的数据。

位：　　　　　　　M［字节地址］.［位地址］　　　如：M0.3
字节、字或双字：M［长度］［起始字节地址］　　如：MB4 MW10 MD4

5. 特殊标志位（SM）

特殊标志位为用户提供一些特殊的控制功能及系统信息，用户对操作的一些特殊要求也要通过SM通知系统。特殊标志位分为只读区和可读可写区两部分。

只读区特殊标志位，用户只能使用其触点，如：

SM0.0　　RUN监控，PLC在RUN状态时，SM0.0总为1。
SM0.1　　初始化脉冲，PLC由STOP转为RUN时，SM0.1接通一个扫描周期。
SM0.2　　当RAM中保存的数据丢失时，SM0.2接通一个扫描周期。
SM0.3　　PLC上电进入RUN时，SM0.3接通一个扫描周期。
SM0.4　　该位提供了一个周期为1min，占空比为0.5的时钟。
SM0.5　　该位提供了一个周期为1s，占空比为0.5的时钟。
SM0.6　　该位为扫描时钟，本次扫描置1，下次扫描置0，交替循环。可作为扫描计数器的输入。
SM0.7　　该位指示CPU工作方式开关的位置，0=TERM，1=RUN。通常用来在RUN状态下启动自由口通信方式。

可读可写特殊标志位用于特殊控制功能，如用于自由口设置的SMB30，用于定时中断时间设置的SMB34/SMB35，用于高速计数器设置的SMB36~SMB62，用于脉冲输出和脉冲调制的SMB66~SMB85等。

6. 定时器区（T）

在 S7-200 PLC 中，定时器作用相当于时间继电器，可用于时间增量的累计。其分辨率分为三种：1ms、10ms、100ms。

定时器有以下两种寻址形式：

- 当前值寻址：16 位有符号整数，存储定时器所累计的时间。
- 定时器位寻址：根据当前值和预置值的比较结果置位或者复位。

两种寻址使用同样的格式：T＋定时器编号

例如：T37

7. 计数器区（C）

在 S7-200 CPU 中，计数器用于累计从输入端或内部元件送来的脉冲数。它有增计数器、减计数器及增/减计数器三种类型。由于计数器频率扫描周期的限制，当需要对高频信号计数时可以用高频计数器（HSC）。

计数器有以下两种寻址形式：

- 当前值寻址：16 位有符号整数，存储累计脉冲数。
- 计数器位寻址：根据当前值和预置值的比较结果置位或者复位，同定时器一样。

两种寻址方式使用同样的格式：C＋计数器编号

例如：C0

8. 高速计数器（HC）

高速计数器用于对频率高于扫描周期的外界信号进行计数，高速计数器使用主机上的专用端子接收这些高速信号。高速计数器是对高速事件计数，它独立于 CPU 的扫描周期，其数据为 32 位有符号的高速计算器的当前值。

格式：HC［高速计数器号］

例如：HC1

9. 累加器（AC）

累加器是用来暂存数据的寄存器，可以同子程序之间传递参数，以及存储计算结果的中间值。S7-200 PLC 提供了 4 个 32 位累加器 AC0～AC3。累加器可以按字节、字和双字的形式来存取累加器中的数值。

格式：AC［累加器号］

例如：AC1

10. 局部变量存储区（L）

局部变量存储器与变量存储器很类似，主要区别在于局部变量存储器是局部有效的，变量存储器则是全局有效。全局有效是指同一个存储器可以被任何程序（如主程序，中断程序或子程序）存取，局部有效是指存储区和特定的程序相关联。局部变量存储器常用来作为临时数据的存储器或者为子程序传递函数。可以按位、字节、字或双字来存取局部变量存储区中的数据。

位：　　　　　　　　L［字节地址］.［位地址］　　　L0.5

字节、字或双字：　　L［长度］［起始字节地址］　　LB34 LW20 LD4

11. 顺序控制继电器存储区（S）

顺序控制继电器又称状态元件，用来组织机器操作或进入等效程序段工步，以实现顺序控制和步进控制。状态元件是使用顺序控制继电器指令的重要元件，在 PLC 内为数字量。

可以按位、字节、字或双字来存取状态元件存储区中的数据。

位：　　　　　　　　S［字节地址］.［位地址］　　　S0.6

字节、字或双字：　　S［长度］［起始字节地址］　　SB10 SW10 SD4

12. 模拟量输入（AI）

S7-200 将模拟量值（如温度或电压）转换成 1 个字长（16 位）的数字量。可以用区域标识符（AI）、数据长度（W）及字节的起始地址来存取这些值。因为模拟输入量为 1 个字长，且从偶数位字节（如 0、2、4）开始，所以必须用偶数字节地址（如 AIW0、AIW2、AIW4）来存取这些值。模拟量输入值为只读数据，模拟量转换的实际精度是 12 位。

格式：AIW［起始字节地址］

例如：AIW4

13. 模拟量输出（AQ）

S7-200 将 1 个字长（16 位）数字值按比例转换为电流或电压。可以用区域标识符（AQ）、数据长度（W）及字节的起始地址来改变这些值。因为模拟量为 1 个字长，且从偶数字节（如 0、2、4）开始，所以必须用偶数字节地址（如 AQW0、AQW2、AQW4）来改变这些值。模拟量输出值为只写数据。模拟量转换的实际精度是 12 位。

格式：AQW［起始字节地址］

例如：AQW4

3.3.3　S7-200 PLC 的寻址方式

在 S7-200 系列中，寻址方式分为两种：直接寻址和间接寻址。直接寻址方式是指在指令中直接使用存储器或寄存器的元件名称和地址编号，直接查找数据。间接寻址是指使用地址指针来存取存储器中的数据，使用前，首先将数据所在单元的内存地址放入地址指针寄存器中，然后根据此地址存取数据。本教材仅介绍直接寻址。

直接寻址时，操作数的地址应按规定的格式表示。指令中数据类型应与指令相符匹配。

在 S7-200 系列中，可以按位、字节、字和双字对存储单元进行寻址。寻址时，数据地址以代表存储区类型的字母开始，随后是表示数据长度的标记，然后是存储单元编号；对于按位寻址，还需要在分隔符后指定位编号。

在表示数据长度时，分别用 B、W、D 字母作为字节、字和双字的标识符。

（1）位寻址。位寻址是指按位对存储单元进行寻址，位寻址也称为字节位寻址，一个字节占有 8 个位。位寻址时，一般将该位看作是一个独立的软元件，像一个继电器一样，看作它有线圈及常开、常闭触点，且当该位置 1 时，即线圈"得电"时，常开触点接通，常闭触点断开。由于取用这类元件的触点只是访问该位的"状态"，因此可以认为这些元件的触点有无数多对。字节.位寻址一般用来表示"开关量"或"逻辑量"。I3.4 表示输入映象寄存器 3 号字节的 4 号位。位寻址的表示方法如图 3.6 所示。

位寻址的格式：［区域标识］［字节地址］.［位地址］

（2）字节寻址（8bit）。字节寻址由存储区标识符、字节标识符、字节地址组合而成，

任务 3.3 认知数据类型与寻址方式

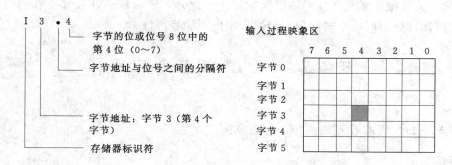

图 3.6 位寻址方式举例

其中字节标识符为 B。字节寻址方式如图 3.7 所示。

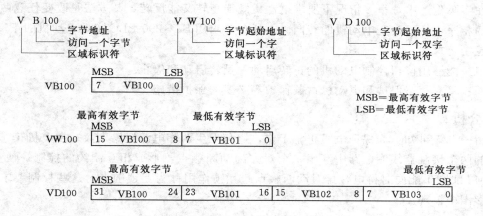

图 3.7 字节、字、双字寻址方式举例

字节寻址的格式：[区域标识][字节标识符][字节地址]

例如：IB0，QB0，MB0，VB100

（3）字寻址（16bit）。字寻址由存储区标识符、字标识符及字节起始地址组合而成，其中字标识符为 W。字寻址方式如图 3.7 所示。

字寻址的格式：[区域标识][字标识符][字节起始地址]

例如：IW0，QW0，MW0，VW100

（4）双字寻址（32bit）。双字寻址由存储区标识符、双字标识符及字节起始地址组合而成。如 VD100，其双字寻址方式如图 3.7 所示。

双字寻址的格式：[区域标识][双字标识符][字节起始地址]

例如：MD0，VD100

为使用方便和使数据与存储器单元长度统一，S7-200 系列中，一般存储单元都具有位寻址、字节寻址、字寻址及双字寻址 4 种寻址方式。寻址时，不同的寻址方式情况下，选用同一字节地址作为起始地址时，其所表示的地址空间是不同的。

在 S7-200 中，一些存储数据专用的存储单元不支持位寻址方式，主要有模拟量输入/输出、累加器、定时器和计数器的当前值存储器等。而累加器不论采用何种寻址方式，都

项目 3　S7-200 编程基础

要占用 32 位，模拟量单元寻址时均以偶数标志。此外，定时器、计数器具有当前值存储器及位存储器，属于同一个器件的存储器采用同一标号寻址。

任务 3.4　位逻辑指令应用

知识目标：

认知 S7-200 PLC 位逻辑指令的使用方法。

技能目标：

能应用 S7-200 PLC 位逻辑指令编写程序。

任务描述：

在实际生产中，很多情况下要求电动机既能正转又能反转，其方法是改变任意两条电源线的相序，从而改变电动机的转向。本任务要求用 S7-200 PLC 实现电动机的正反转。

控制要求：

（1）能够用按钮控制电动机的正转启动、反转启动和停止。

（2）具有短路保护和电动机过载保护等必要的保护措施。

任务分析：

由图 3.8 可知，为保证电机正常工作，避免发生两相电源短路事故，在电机正、反向控制的两个接触器线圈电路中互串一个对方的动断触点，形成相互制约的控制，使 KM1 和 KM2 线圈不能同时得电，这对动断触点起互锁作用称为互锁触点。这些控制要求都应在梯形图中体现。

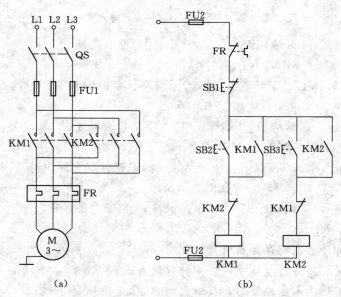

图 3.8　电动机正反转的控制电路

图 3.8 电动机正反转的控制线路系统功能可以改由 PLC 的指令来实现。

实施步骤：

（1）I/O 分配表。电动机正反转 PLC 控制 I/O 分配表见表 3.2。

表 3.2　　　　　　　　电动机正反转 PLC 控制 I/O 分配表

输入		输出	
I0.0	停止按钮 SB1	Q0.1	正转控制接触器 KM1
I0.1	正转启动按钮 SB2	Q0.2	反转控制接触器 KM2
I0.2	反转启动按钮 SB3		
I0.3	热继电器动合触点 FR		

（2）PLC 硬件接线。电动机正反转 PLC 控制硬件接线如图 3.9 所示。

（3）控制程序。电动机正反转 PLC 控制程序如图 3.10 所示。

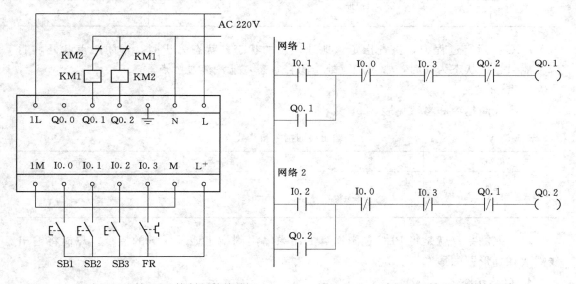

图 3.9　电动机正反转 PLC 控制硬件接线　　　　图 3.10　电动机正反转 PLC 控制程序

知识链接：

位逻辑指令处理的对象是二进制数字"1"和"0"，可以用它们来表示数字量的两种状态。对于梯形图中的线圈而言，为 1 状态时表示线圈"通电"，其对应的常开触点闭合，常闭触点断开；为 0 状态时表示线圈"失电"，其对应的触点状态相反。

3.4.1 位触点与线圈指令

在 LAD（梯形图）程序中，触点和线圈是构成梯形图的最基本元素，触点是线圈的工作条件，线圈的动作是触点运算的结果。操作数则标注在触点和线圈符号的上方。

1. 常开触点

常开触点指令和参数见表 3.3。

表 3.3　　　　　　　　　　　常开触点指令和参数

LAD	参　数	数据类型	存　储　区
位地址 ─| |─	〈地址〉	BOOL	I、Q、M、SM、T、C、V、S、L

PLC 在运行过程中，检查指定〈地址〉位的状态，状态为 1 时，常开触点动作，触点导通；状态为 0 时，常开触点不动作，处于断开状态。

2. 常闭触点

常闭触点指令和参数见表 3.4。

表 3.4　　　　　　　　　　　常闭触点指令和参数

LAD	参　数	数据类型	存　储　区
位地址 ─|/|─	〈地址〉	BOOL	I、Q、M、SM、T、C、V、S、L

PLC 在运行过程中，检查指定〈地址〉位的状态，状态为 1 时，常闭触点断开，能流不能通过；状态为 0 时，常闭触点处于闭合状态，能流流过触点。

3. 输出线圈

输出线圈指令和参数见表 3.5。

表 3.5　　　　　　　　　　　输出线圈指令和参数

LAD	参　数	数据类型	存　储　区
位地址 ─( )─	〈地址〉	BOOL	Q、M、SM、T、C、V、S、L

输出线圈指令就是将 PLC 逻辑运算的结果输出到指定地址区域的指令。只能将输出线圈放在梯形图的最右端。

4. 取反指令

取反指令和参数见表 3.6。

表 3.6　　　　　　　　　　　取反指令和参数

LAD	参　数	数据类型	存　储　区
─|NOT|─	无	无	无

取反指令的作用就是将存放在左边电路的逻辑运算结果取反，运算结果若为 1 则变为 0，为 0 则变为 1，该指令没有操作数。在梯形图中，能流到达该触点时即停止；若能流未到达该触点，该触点给右侧供给能流。

5. 空操作指令

空操作指令和参数见表 3.7。

任务 3.4 位逻辑指令应用

表 3.7　空操作指令和参数

LAD	参　　数	数据类型	存　储　区
—[NOP]— N	无	无	无

空操作指令起增加程序容量的作用，使能输入有效时，执行空操作指令，将稍微延长扫描周期长度，不影响用户程序的执行，不会使能量流输出断开

子任务 1：常开、常闭触点应用。当常开触点 I0.0 闭合时，接通输出线圈 Q0.0；常闭触点 I0.1 闭合时，断开 Q0.0。PLC 控制程序如图 3.11 所示。

程序说明：

（1）内部输入触点（I）的闭合与断开仅与输入映象寄存器相应位的状态有关，与外部输入按钮、接触器、继电器的常开/常闭接法无关。输入映象寄存器相应位为 1，则内部常开触点闭合，常闭触点断开。输入映象寄存器相应位为 0，则内部常开触点断开，常闭触点闭合。

（2）同一编号的线圈在一个程序中使用两次及两次以上称为线圈重复输出。因为 PLC 在运算时仅将输出结果置于输出映象寄存器中，在所有程序运算均结束后才统一输出，所以在线圈重复输出时，后面的运算结果会覆盖前面的结果，容易引起误动作，建议避免使用。

图 3.11　常开、常闭触点应用程序

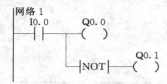

图 3.12　取反指令应用程序

（3）梯形图的每一网络块均从左母线开始，接着是各种触点的逻辑连接，最后以线圈结束。一定不能将触点置于线圈的右边。线圈一般也不能直接接在左母线上，如确实需要，可以利用特殊标志位存储器（如 M0.0）进行连接。

子任务 2：应用取反指令实现两台电机工作状态相反。

取反指令应用程序如图 3.12 所示。

3.4.2 位逻辑操作指令

S7 - 200 PLC 指令系统中的位逻辑运算指令有：触点与操作指令、触点与非操作指令、触点或操作指令、触点或非操作指令，下面介绍这类指令的用法和编程应用。

1. 触点与操作指令

I0.0 与 I0.1 执行相与的逻辑运算。在 I0.0 与 I0.1 均闭合时，线圈 Q0.0 接通；I0.0 与 I0.1 中只要有一个不闭合，线圈 Q0.0 不能接通。触点与操作指令如图 3.13 所示。

2. 触点与非操作指令

I0.0 与常闭触点 I0.1 执行相与的逻辑运算。在 I0.0 闭合，I0.1 断开时，线圈 Q0.0 接通；若 I0.0 断开或 I0.1 闭合，则线圈 Q0.0 不能接通。触点与非操作指令如图 3.14 所示。

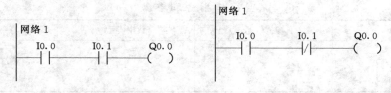

图 3.13 触点与操作指令　　　　图 3.14 触点与非操作指令

3. 触点或操作指令

I0.0 与 I0.1 执行相或的逻辑运算。在 I0.0 与 I0.1 任意一个闭合时，线圈 Q0.0 接通；I0.0 与 I0.1 均不闭合，线圈 Q0.0 不能接通。触点或操作指令如图 3.15 所示。

4. 触点或非操作指令

I0.0 与常闭触点 I0.1 执行相或的逻辑运算。在 I0.0 闭合或 I0.1 断开时，线圈 Q0.0 接通；若 I0.0 断开，同时 I0.1 闭合，则线圈 Q0.0 不能接通。触点或非操作指令如图 3.16 所示。

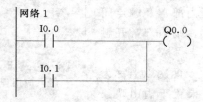 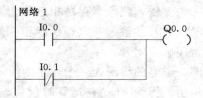

图 3.15 触点或操作指令　　　　图 3.16 触点或非操作指令

3.4.3 置位/复位指令及应用

1. 置位指令

置位指令和参数见表 3.8。

表 3.8　　　　　　置位指令和参数

LAD	参　数	数据类型	存　储　区
位地址 —(S) 　N	〈地址〉	BOOL	Q、M、SM、T、C、V、S、L

置位指令是在能流流过线圈时执行，把指定的地址置位为 1，可以把从位地址开始的 N 个元件置 1 并保持。

2. 复位指令

复位指令和参数见表 3.9。

表 3.9　　　　　　复位指令和参数

LAD	参　数	数据类型	存　储　区
位地址 —(R) 　N	〈地址〉	BOOL	Q、M、SM、T、C、V、S、L

复位指令是在能流流过线圈时执行，可以把从位地址开始的 N 个元件置 0 并保持。

复位线圈不仅可以将存储器复位,还可以停止正在运行的定时器或者清零计数器。

子任务3:应用置位、复位指令实现电动机正反转的PLC控制。

I/O分配情况见表3.10。

表3.10　　　　　　　　　　　I/O 分 配 表

输 入		输 出	
I0.0	停止按钮 SB1	Q0.0	正转控制接触器 KM1
I0.1	正转启动按钮 SB2	Q0.1	反转控制接触器 KM2
I0.2	反转启动按钮 SB3		
I0.3	热继电器动合触点 FR		

电动机正反转的PLC控制程序如图3.17所示。

3.4.4 边沿脉冲指令及应用

S7-200 PLC指令系统为检测元件的逻辑状态变化提供了边沿脉冲指令,包括上升沿脉冲指令和下降沿脉冲指令,见表3.11。使用边沿脉冲指令可以很方便地对信号的上升沿和下降沿进行检测。下面对这两条指令的用法和编程应用进行介绍。

表3.11　　　　　　　　　　边沿脉冲指令格式和功能表

指令名称	LAD	功 能
上升沿脉冲指令	─┤P├─	检测到上升沿脉冲指令前的逻辑运算结果有一个上升沿时,产生一个宽度为一个扫描周期的脉冲
下降沿脉冲指令	─┤N├─	检测到下降沿脉冲指令前的逻辑运算结果有一个下降沿时,产生一个宽度为一个扫描周期的脉冲

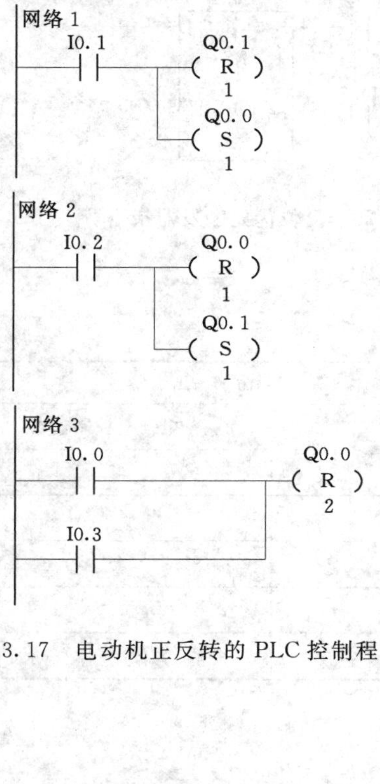

图3.17　电动机正反转的PLC控制程序 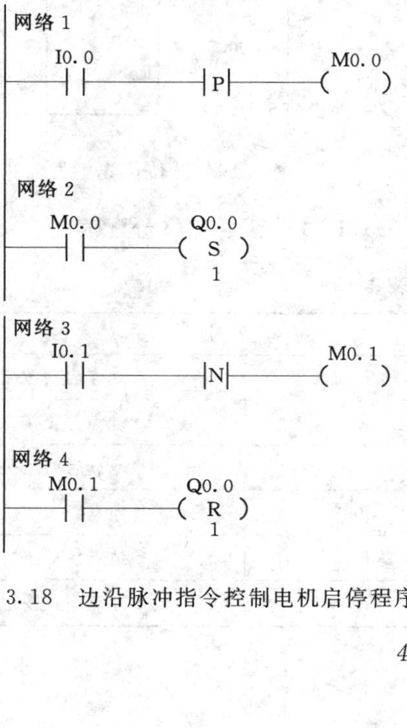　　　图3.18　边沿脉冲指令控制电机启停程序

子任务4：应用边沿脉冲指令实现电机启停控制。

应用程序如图3.18所示。

程序及运行结果分析如下：

当I0.0的触点接通时，执行上升沿脉冲指令，产生一个扫描周期的时钟脉冲，驱动输出线圈M0.0导通一个扫描周期，M0.0的常开触点闭合一个扫描周期，使输出线圈Q0.0置位为1，并保持。

当I0.1的触点断开时，执行下降沿脉冲指令，产生一个扫描周期的时钟脉冲，驱动输出线圈M0.1导通一个扫描周期，M0.1的常开触点闭合一个扫描周期，使输出线圈Q0.0复位为0，并保持。

3.4.5 RS触发器指令应用

S7-200 PLC指令系统为时序信号的检测与控制提供了RS触发器指令，指令中的触发器和数字逻辑电路中的RS触发器原理是一样的。RS触发器指令包括置位优先触发器指令、复位优先触发器指令。下面对这两条指令的用法和编程进行介绍。

1. **置位优先触发器指令（SR）**

置位优先触发器指令如图3.19所示，置位优先触发器的置位信号S1和复位信号R同时为1时，输出信号OUT为1。

2. **复位优先触发器指令（RS）**

复位优先触发器指令如图3.20所示，复位优先触发器的置位信号S和复位信号R1同时为1时，输出信号OUT为0。

子任务5：多地控制。控制要求：在3个地方实现对一台电机的启动与停止控制。

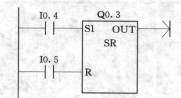

图3.19 置位优先触发器指令

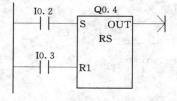

图3.20 复位优先触发器指令

（1）I/O分配：I/O分配表见表3.12。

表3.12　　　　　　　　　　I/O 分 配 表

输　　入		输　　出	
I0.0	A地点启动按钮	Q0.1	电动机控制输出
I0.1	A地点停止按钮		
I0.2	B地点启动按钮		
I0.3	B地点停止按钮		
I0.4	C地点启动按钮		
I0.5	C地点停止按钮		

(2) 控制程序如图 3.21 所示。

(3) 程序要点说明：首先要考虑一个地点对电机的启动与停止控制。以 A 地为例做出控制程序，如图 3.22 所示。其次考虑如何使 3 个启动按钮和 3 个停止按钮都起作用。在本例中，若要 3 个启动按钮都起作用，必须将其并联；3 个停止按钮都起作用，必须将其串联。

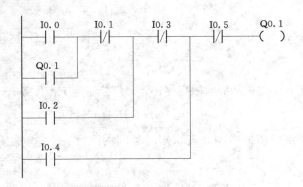

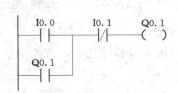

图 3.21　多地控制程序　　　　　图 3.22　在一个地点对电机的控制

子任务 6：保持与释放交替变化。控制要求：试设计程序实现如图 3.23 所示时序。

(1) I/O 分配见表 3.13。

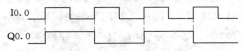

图 3.23　保持与释放交替变化时序图

表 3.13　　　　　　　　　I/O 分　配　表

输　入		输　出	
I0.0	信号输入按钮	Q00	信号输出端子

(2) 程序如图 3.24 所示。

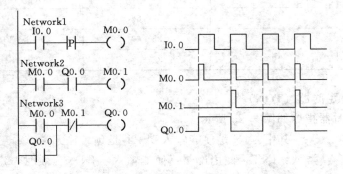

图 3.24　保持与释放交替变化程序

(3) 程序要点说明：这一程序又称为二分频电路，可由多种方法实现，图 3.24 中为其中一种。在控制过程中，若按钮为点动按钮（非自锁按钮）时，可由该程序控制实现第一次按下启动，第二次按下停止的功能。

任务 3.5　定时器指令应用

知识目标：

认知 S7-200 PLC 定时器指令的类型和特点。

技能目标：

能应用 S7-200 PLC 定时器指令编写程序。

任务描述：

定时器广泛应用于：①周期性脉冲输出；②电机间隔时限启停；③彩灯控制等工作任务。

任务分析：

应用定时器的任务，首先要合理选择定时器的类型，其次定时器间的配合。

知识链接：

定时器是 PLC 常用的编程元件之一，S7-200 系列 PLC 有三种类型的定时器，即：接通延时定时器（TON）、断电延时定时器（TOF）和有记忆接通延时定时器（TONR），共计 256 个（T0～T255）。定时器分辨率分为三个等级：1ms、10ms 和 100ms。定时器的定时时间 T＝预置值（PT）×分辨率。

每个定时器都有唯一的编号。不同的编号决定了定时器的功能和分辨率，而某一个标号定时器的功能和分辨率是固定的。定时器编号与分辨率见表 3.14。

表 3.14　定时器编号与分辨率

定时器类型	分辨率/ms	最大计时范围/s	定　时　编　号
TON、TOF	1	32.767	T32，T96
	10	327.67	T33～T36，T97～T100
	100	3276.7	T37～T63，T101～T255
TOFR	1	32.767	T0，T64
	10	327.67	T1～T4，T65～T68
	100	3276.7	T5～T31，T69～T95

3.5.1　接通延时定时器（TON）

接通延时定时器指令如图 3.25 所示。

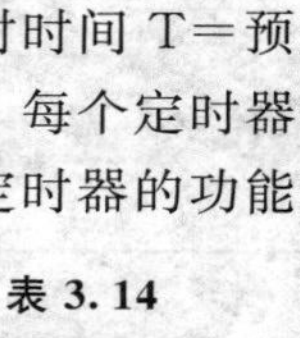

```
????
─┤IN  TON├
????─┤PT  ??├
```

图 3.25　接通延时定时器指令

其中：IN 是使能输入端 PT 是预置输入端（0～32767）PT 数据类型：INT。使用说明：使能输入（IN）有效时，定时器开始计时，当值从 0 开始递增，大于或者等于预置值（PT）时，定时器输出状态位置 1（输出触点有效）。当前值的最大值为 32767。使能端无效（断开）时，定时器复位（当前值清零，输出状态位置 0）。

接通延时型定时器应用程序如图 3.26 所示，时序图如图 3.27

所示。

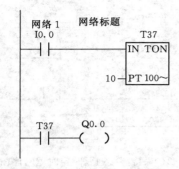

图 3.26 接通延时型定时器应用程序

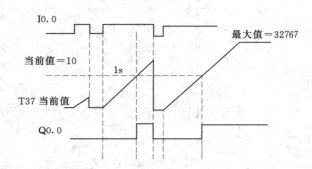

图 3.27 接通延时型定时器时序图

3.5.2 断电延时定时器（TOF）

断电延时定时器指令如图 3.28 所示。

使用说明：使能端（IN）输入有效时，定时器状态位立即置 1，当前值复位（为 0）；使能端（IN）断开时，开始计时，当前值从 0 递增，当前值达到预置值时，定时器状态位复位置 0，并停止计时，当前值保持，直到使能端（IN）接通。

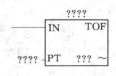

图 3.28 断电延时定时器指令

断开延时型定时器应用程序如图 3.29 所示，时序图如图 3.30 所示。

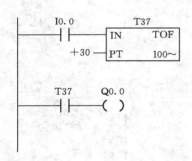

图 3.29 断开延时型定时器应用程序

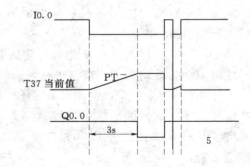

图 3.30 断开延时型定时器时序图

3.5.3 保持型接通延时定时器（TONR）

保持型接通延时定时指令如图 3.31 所示。

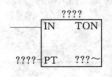

图 3.31 保持型接通延时定时指令

使用说明：使能输入端（IN）有效时（接通），定时器开始计时，当前值大于或等于预置值（PT）时，输出状态置 1。使能端输入无效（断开）时，当前值保持（记忆），使能输入端（IN）再次接通有效时，在原记忆值的基础上递增计时。有记忆通电延时型（TONR）定时器采用线圈复位指令（R）进行复位操作，当复位线圈有效时，定时器当前值清零，输出状态位置 0。

保持型接通延时定时器应用程序如图 3.32 所示，时序图如图 3.33 所示。

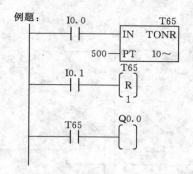

图 3.32 保持型接通延时定时器应用程序

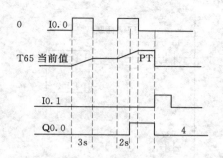

图 3.33 保持型接通延时定时器时序图

3.5.4 分辨率对定时器的影响

在 S7-200 系列 PLC 的定时器中,定时器的刷新方式是不同的,从而在使用方法上也有所不同。使用时一定要注意根据使用场合和要求来选择定时器。常用的定时器的刷新方式有 1ms、10ms、100ms 三种。

(1) 1ms 定时器:定时器指令执行期间每隔 1ms 对定时器和当前值刷新一次,不与扫描周期同步。

(2) 10ms 定时器:执行定时器指令时开始定时,在每一个扫描周期开始时刷新定时器,每个扫描周期只刷新一次。

(3) 100ms 定时器:只有在执行定时器指令时,才对 100ms 定时器的当前值进行刷新。

子任务 1:产生一个占空比可调的任意周期的脉冲信号。脉冲信号的低电平持续时间为 1s,高电平持续时间为 2s,其中 I0.0 为启动按钮,I0.1 为停止按钮。

周期脉冲信号控制程序如图 3.34 所示。

子任务 2:3 台电动机顺序启动、逆序停止的程序,要求:3 台电动机按启动按钮后,M1、M2、M3 依次顺序启动,启动时间间隔为 16s;按停止按钮后,依次逆序停止,时间间隔为 3s。

I/O 分配情况见表 3.15。

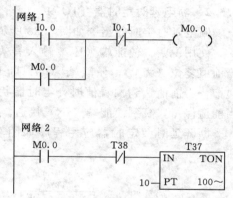

图 3.34 周期脉冲信号控制程序

表 3.15   I/O 分 配 表

输	入	输	出
I0.0	启动按钮	Q0.0	电动机 M1 控制
I0.1	停止按钮	Q0.1	电动机 M2 控制
		Q0.2	电动机 M3 控制

三台电动机顺序启动、逆序停止控制程序如图3.15所示。

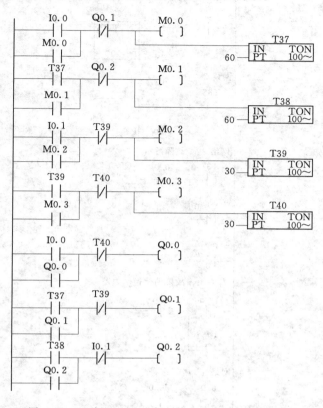

图3.35 三台电动机顺序启动、逆序停止控制程序

子任务3：报警电路。报警是电气自动控制中不可缺少的重要环节，标准的报警功能应该是专光报警。当故障发生时，报警指示灯闪烁，报警电铃或蜂鸣器响，操作人员知道故障发生后，按消铃按钮，把电铃关掉，报警指示灯从闪烁变为长亮。故障消失后，报警指示灯熄。另外还设有试灯、试铃按钮，用于平时检测报警指示灯和电铃的好坏。

I/O分配情况见表3.16。

表3.16　　　　　　　　　　I/O 分 配 表

输 入		输 出	
I0.0	故障信号	Q0.0	报警灯
I1.0	消铃按钮	Q0.7	报警电铃
I1.1	试灯按钮		

控制程序如图3.36所示。

子任务4：用S7-200 PLC实现彩灯的自动控制，控制过程为按下启动按钮，第一个红灯亮，10s后，第二个绿灯亮，再隔10s后，第三个黄灯亮，持续20s后返回，重新开始，而按下停止按钮，则程序终止运行。

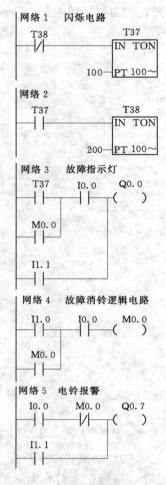

图 3.36 灯光报警控制 PLC 程序

首先根据任务要求,写出 I/O 分配表,见表 3.17。

表 3.17　　　　　　　　　　I/O 分 配 表

输 入		输 出	
I0.0	启动按钮	Q0.0	红灯控制
I0.1	停止按钮	Q0.1	绿灯控制
		Q0.2	黄灯控制

控制程序如图 3.37 所示。

程序说明:按下启动按钮,程序开始运行,红灯亮;红灯亮后,启动定时器 T37,定时 10s;10s 时间到则绿灯亮,同时红灯灭;同时启动定时器 T38,定时 10s;10s 时间到,则黄灯亮,同时绿灯灭;同时启动定时器 T39,定时 10s,定时时间到,黄灯灭。

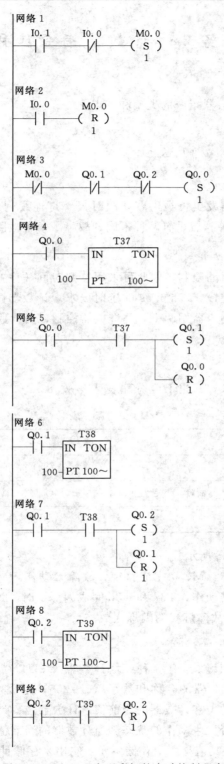

图 3.37 用 PLC 实现彩灯的自动控制程序

任务3.6 计数器指令应用

知识目标：
认知 S7-200 PLC 计数器指令的类型和特点。

技能目标：
能应用 S7-200 PLC 计数器指令编写程序。

任务描述：
当开关闭合时，扬声器发出警报声音，同时报警灯连续闪烁100次，每次亮1s，熄灭0.5s，然后停止声光报警。假设有两种不同的故障，每种故障对应一个指示灯。

任务分析：
由于报警灯的闪烁有时间限制，因此可采用按照时间顺序控制方法来进行编程设计。可以考虑采用两个定时器完成1s和0.5s的定时要求，计数器则完成对闪烁次数的计数。因为这里有两种故障，故扬声器用两个中间继电器控制，当计数次数到时，同时复位计数器和两个中间继电器。

实施步骤：
(1) 首先根据任务要求，写出 I/O 分配表见表 3.18。

表 3.18   I/O 分 配 表

输 入		输 出	
I0.0	故障1开关	Q0.0	扬声器
I0.1	故障2开关	Q0.1	报警灯1
		Q0.2	报警灯2

(2) 控制程序如图 3.38 所示。

程序说明：故障一动作，M0.0 完成自锁；故障二动作，M0.1 完成自锁；任一故障动作，扬声器动作。扬声器动作，T37 和 T38 完成闪烁定时。计数器 C0 控制故障灯一的闪烁次数，计数器 C1 控制故障灯二的闪烁次数。

知识链接：
S7-200 系列 PLC 的计数器有3种：增计数器 CTU、减计数 CTD 和增减计数器 CTUD。计数器的编号用计数器的名称和数字（0～255）组成，如 C6。计数器的编号包含两方面的信息：计数器的位和计数器的当前值。计数器位：计数器位和继电器一样是一个开关量，表示计数器是否发生动作的状态。当计数器的当前值达到设定值时，该位被置位为 ON。计数器当前值：其值是一个存储单元，它用来存储计数器当前所累计的脉冲个数，用16位符号整数来表示，最大数值为32767。

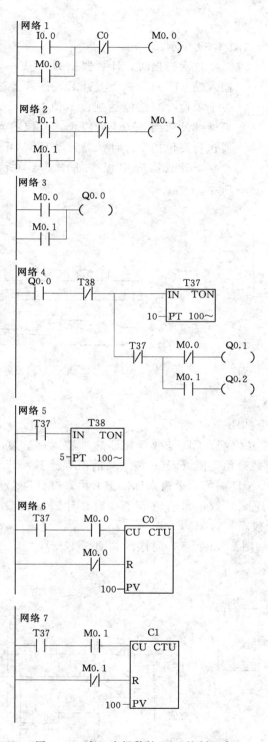

图 3.38 声、光报警的 PLC 控制程序

3.6.1 增计数器（CTU）

增计数器梯形图指令如图 3.39 所示。

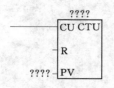

图 3.39 增计数器梯形图指令

首次扫描时，计数器位为 OFF，当前值为 0。在计数器输入端 CU 的每一个上升沿，计数器计数一次，当前值增加一个单位。当前值达到设定值时，计数器位为 ON，当前值可继续计数到 32767 后停止。复位输入阻抗端有效或对计数器执行复位指令，计数器自动复位 OFF，当前值为 0。

增计数器应用程序如图 3.40 所示，时序图如图 3.41 所示。

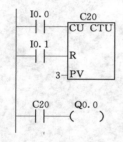

图 3.40 增计数器应用程序

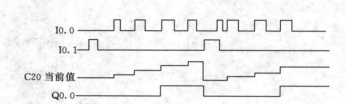

图 3.41 增计数器程序时序图

3.6.2 减计数器（CTD）

减计数器梯形图指令如图 3.42 所示。

LD 是减计数器脉冲复位端；CD 是减计数器脉冲输入端。复位端（LD）有效时，计数器预置值（PV）装入当前值存储器，计数器状态位复位（置 0）。CD 端每一个输入脉冲上升沿，减计数器的当前值从预置值开始递减计数，当前值等于 0 时，计数器状态位置位（置 1），停止计数。

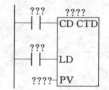

图 3.42 减计数器梯形图指令

减计数器应用程序如图 3.43 所示，时序图如图 3.44 所示。

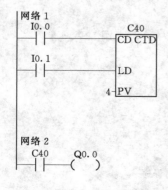

图 3.43 减计数器应用程序

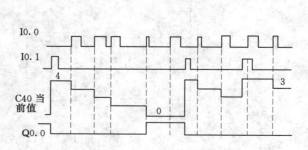

图 3.44 减计数器程序运行时序图

3.6.3 增减计数器（CTUD）

增减计数器梯形图指令如图 3.45 所示。

增减计数器当前值计数到 32767（最大值）后，下一个 CU 输入的上升沿将使当前值跳变为最小值（-32676）；当前值达到最小值-32767 后，下一个 CD 输入的上升沿将使当前值跳变为最大值 32676。复位输入端有效或使用复位指令对计数器进行复位操作后，计数器自动复位，即计数器位为 OFF，当前工作值为 0。

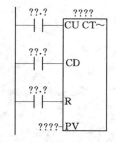

图 3.45 增减计数器梯形图指令

增减计数器应用程序如图 3.46 所示，时序图如图 3.47 所示。

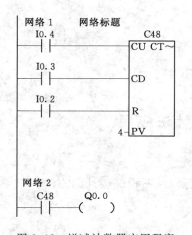

图 3.46 增减计数器应用程序

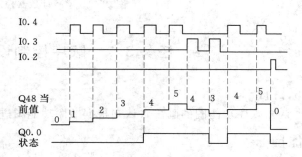

图 3.47 增减计数器时序图

任务：展厅人数控制系统。控制要求：现有一展厅，最多可容纳 50 人同时参观。展厅进口与出口各装一传感器，每有一人进出，传感器给出一个脉冲信号。试编程实现，当展厅内不足 50 人时，绿灯亮，表示可以进入；当展厅满 50 人时，红灯亮，表示不准进入。

（1）首先根据任务要求，写出 I/O 分配表，见表 3.19。

表 3.19　　　　　　　　　　I/O 分　配　表

输　入		输　出	
I0.0	系统启动按钮	Q0.0	绿灯输出
I0.1	进口传感器 S1	Q0.1	红灯输出
I0.2	出口传感器 S2		

（2）程序如图 3.48 所示。

项目3 S7-200编程基础

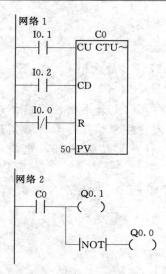

图 3.48 增减计数器控制程序

任务 3.7 顺序控制设计法应用

知识目标：
认知顺序功能图的画法，认知根据顺序功能图进行梯形图程序设计的方法。

技能目标：
能应用顺序控制设计法编写中等难度的程序。

任务描述：
图 3.49 中的波形图给出了锅炉的鼓风机和引风机控制要求，其工作过程为：按下启动按钮 I0.0 后，引风机开始工作，5s 后鼓风机开始工作，按下停止按钮 I0.1 后，鼓风机停止工作，5s 后引风机再停止工作。

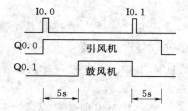

图 3.49 控制要求的波形图

任务分析：
锅炉鼓风机和引风机控制是典型的顺序控制的例子，使用顺序控制设计法会使控制程序的编写变得清晰、简单，从而提高编程的效率。

实施步骤：
（1）首先根据任务要求，写出 I/O 分配表。

表 3.20　　　　　　　　　　I/O 分 配 表

输入		输出	
I0.0	启动按钮	Q0.0	引风机控制
I0.1	停止按钮	Q0.1	鼓风机控制

（2）顺序功能图。根据输出量 Q0.0 和 Q0.1 的状态变化，系统的一个工作周期可以划分为 4 步（包括初始步），分别用 M0.0～M0.3 来表示这 4 步，图 3.50 所示为描述该系统的顺序功能图。

（3）控制程序。

1）使用起保停电路的顺序控制梯形图设计方法，如图 3.51 所示。

2）以转换为中心的顺序控制梯形图设计方法，如图 3.52 所示。

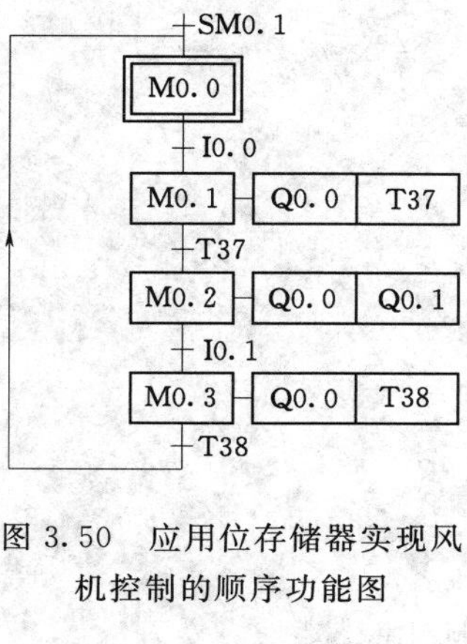

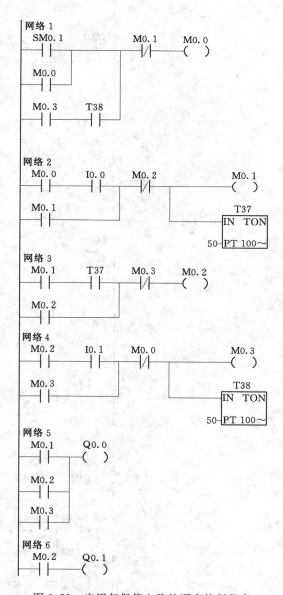

图 3.50　应用位存储器实现风机控制的顺序功能图

图 3.51　应用起保停电路的顺序控制程序

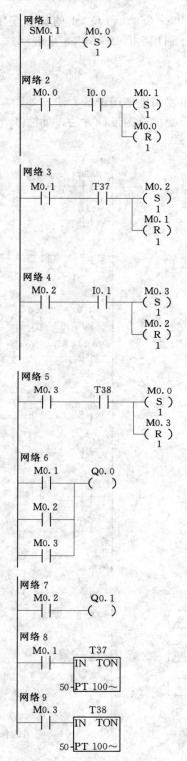

图 3.52 以转换为中心的顺序控制程序

知识链接：

在工业生产中，往往需要多个执行机构按生产工艺预先规定好的顺序自动而有序地工作。所谓顺序控制，就是按照生产工艺预先设定的顺序，在各个输入信号的作用下，根据内部状态和时间的顺序，在生产的过程中各个执行机构自动地有秩序地进行操作。对此类控制系统，如果采用顺序控制设计法，即使初学者也能对顺序控制类复杂的控制系统进行编程设计。顺序控制设计法是根据顺序控制的工艺要求，把顺序控制分成顺序相连的若干阶段并绘出顺序功能图，根据顺序功能图设计梯形图。

3.7.1 顺序功能图的组成

顺序功能图，简称功能图，又称为状态功能图、状态流程图或状态转移图。它是专用于工业顺序控制程序设计的一种功能说明性语言，能完整地描述控制系统的工作过程、功能和特性，是分析、设计电气控制系统控制程序的重要工具。

1. 步的基本概念

顺序控制设计是一种易用的设计方法，其设计思想是将系统的工作周期划分为若干顺序相连的阶段，我们称之为"步"。当步被激活时（即满足一定的转换条件），步所代表的行动或命令将被执行。这样一步一步按照顺序，执行机构就能够顺序"前进"。

与系统初始状态相对应的步称为初始步，初始状态一般是系统等待启动命令的相对静止的状态，一个系统至少要有一个初始步。如图 3.53 所示，初始步的图形符号用双线的矩形框表示。根据实际情况用初始条件或者 SM0.1 来驱动它完成使其成为活动步。

当系统正在处于某一步所在的阶段时，该步处于活动状态，称该步为活动步。步处于活动状态时，相应的动作被执行；处于不活动状态时，相应的非存储型动作被停止执行。

2. 有向连线

顺序功能图中，步和步按运行时工作的顺序排列并用表示变化方向的有向线段连接起来。步的活动状态习惯的进展方向是从上到下、从左到右，这两个方向上的有向连线的箭头可以省略，其他方向不可省略。

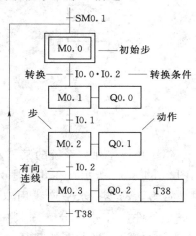

图 3.53 顺序功能图

3. 转换条件

步与步之间的有向连线上与之垂直的短横线，作用是将相邻的两步分开，称为转换。转换条件是系统由当前步进入下一步的信号即所需条件。转换条件可以是外部的输入条件，例如按钮、指令开关、限位开关的接通或断开等；也可以是 PLC 内部产生的信号，例如定时器、计数器等触点的接通；还可以是若干个信号的与、或、非的逻辑组合。

4. 动作

动作是指系统处于某一步需要完成的工作，用矩形方框与步相连。某一步可以有几个动作，也可以没有动作，这些动作之间无顺序关系。

绘制顺序功能图的注意事项：
(1) 步与步不能直接相连，必须用转移条件分开。
(2) 两个转换也不能直接相连，必须用一个步分开。
(3) 一个功能图必须有一个初始步，用于表示初始状态。
(4) 自动控制系统应能多次重复执行同一工艺过程，因此功能图应包含有由步和有向连线组成的闭环。

5. 顺序功能图的基本结构

(1) 单序列：由一系列相继激活的步组成，每一步后仅有一个转换，每一个转换后也只有一个步。如图 3.54（a）所示为单序列的顺序功能图。

(2) 选择序列：系统的某一步活动后，满足不同的转换条件能够激活不同步的序列。如图 3.54 中（b）条件同一时刻最多只能有一个为1，选择序列的开始称为分支，选择序列的结束称为合并。

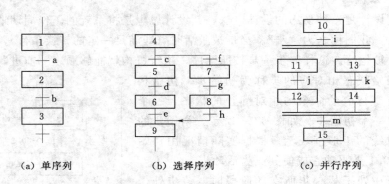

图 3.54　顺序功能图结构

(3) 并行序列：系统的某一步活动后，满足转换条件能够同时激活若干步的序列；如图 3.54（c）所示，在并行序列的开始处（亦称为分支），几个分支序列的首步是同时被置为活动步，水平连线用双线表示，转换条件应该标注在双线之上，并且只允许有一个条件。各并行分支序列中活动步的进展是相互独立的。在并行序列的结束处（亦称为合并），当所有的并行分支序列最后一步都成为活动步且转换条件满足时，所有的并行分支序列最后一步同时变为不活动步。为了表示同步实现，合并处也用水平双线表示。

3.7.2　使用起保停电路的顺序控制梯形图设计方法

起保停电路的顺序控制梯形图设计方法采用位存储器 M 来代表步，某一步为活动步时，对应的存储器位为 ON，某一转换实现时，该转换的后续步变为活动步，前级步变为不活动步。任何一种可编程控制器的编程语言都具有辅助继电器，都具有线圈和触点，因此使用起保停电路设计顺序控制梯形图程序是通用性最强的一种顺序控制设计方法。

子任务 1：冲床的运动示意图如图 3.55 所示：初始状态时机械手在最左边，I0.4 为 ON；冲头在最上面，I0.3 为 ON；机械手松开（Q0.0 为 OFF）。按下启动按钮 I0.0，

Q0.0 变为 ON，工件被夹紧并保持，2s 后 Q0.1 变为 ON，机械手右行，直到碰到右限位开关 I0.1，以后将顺序完成以下动作：冲头下行，冲头上行，机械手左行，机械手松开（Q0.0 被复位），延时 2s 后，系统返回初始状态，各限位开关和定时器提供的信号是相应步之间的转换条件。要求画出顺序功能图和使用起保停电路的顺序控制编程方法写出梯形图程序。

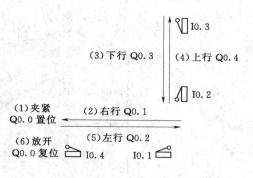

图 3.55 冲床运动控制图

(1) 首先根据任务要求，写出 I/O 分配表，见表 3.21。

表 3.21　　　　　　　冲床运动控制 I/O 分配表

输	入	输	出
I0.0	启动按钮	Q0.0	机械手加紧控制
I0.1	右边限位开关	Q0.1	工件右行控制
I0.2	下限位开关	Q0.2	工件左行控制
I0.3	上限位开关	Q0.3	冲头下行控制
I0.4	左边限位开关	Q0.4	冲头上行控制

(2) 顺序功能图如图 3.56 所示。

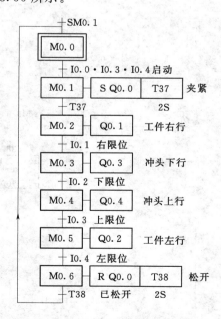

图 3.56 冲床运动控制的顺序功能图

(3) 控制图程序如图 3.57 所示。

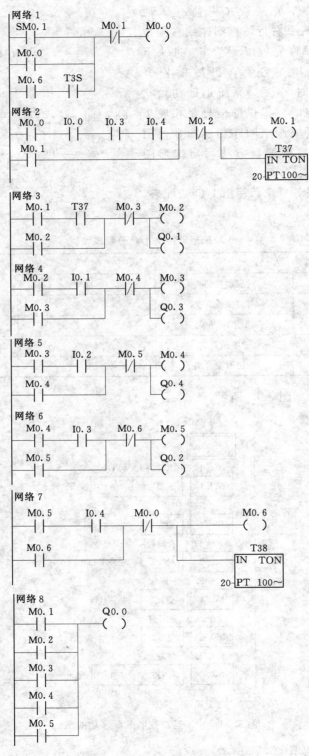

图 3.57 冲床运动控制程序

子任务2：混合液体装置如图3.58所示，上限位、下限位和中限位液位传感器被液体淹没时为1状态，阀门A、阀门B和阀门C为电磁阀，线圈通电时阀门打开，线圈断电时阀门关闭。开始时容器时空的，各阀门均关闭，各传感器均为0状态。按下启动按钮后，打开阀门A，液体A流入容器，中限位开关变为ON时，关闭阀门A，打开阀门B，液体B流入容器。液面升到上限位开关时，关闭阀门B，电机M开始运行，搅拌液体。30s后停止搅拌，打开阀门C，放出混合液体，当液面下降至下限位开关之后再过5s容器放空，关闭阀门C，打开阀门A，又开始下一个周期的操作。按下停止按钮，当前工作周期的操作结束后，才停止操作，返回并停留在初始状态。

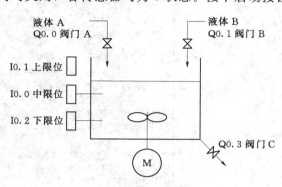

图3.58 混合液体装置

（1）首先根据任务要求，写出I/O分配表见表3.22。

表3.22　　　　　　　　混合液体控制的I/O分配表

输	入	输	出
I0.0	中限位	Q0.0	放液体A
I0.1	上限位	Q0.1	放液体B
I0.2	下限位	Q0.2	搅拌
I0.3	启动按钮	Q0.3	放混合液体
I0.4	停止按钮		

（2）顺序功能图如图3.59所示。

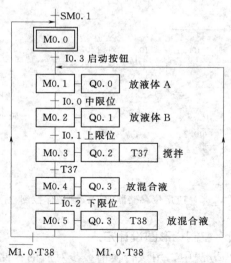

图3.59　应用位存储器实现混合液体控制的顺序功能图

（3）控制程序如图3.60所示。

M1.0用来实现在按下停止按钮后不会马上停止工作，而是在当前工作周期的操作结束后，才停止运行。M1.0用启动按钮I0.3和停止按钮I0.4来控制。

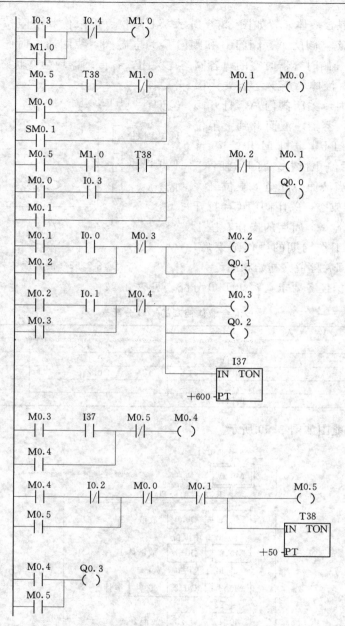

图 3.60 应用位存储器实现混合液体控制程序

3.7.3 以转换为中心的顺序控制梯形图设计方法

在以转换为中心的编程方法中，用该转换前级步对应的存储器位的常开触点与转换对应的条件串联，用它作为后续步对应的存储器位置位（使用置位指令），和使前级步对应的存储位复位（使用复位指令）的条件。这种设计方法很有规律，在设计复杂的顺序功能图的梯形图时既容易掌握，又不容易出错。

子任务 3：用以转换为中心的顺序控制梯形图设计方法编写子任务 2 液体混合控制程序。

控制程序如图 3.61 所示。

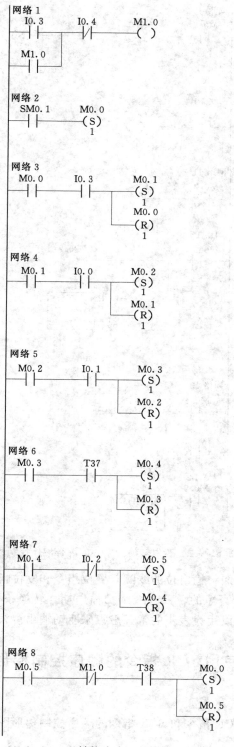

图 3.61（一） 以转换为中心的混合液体控制程序

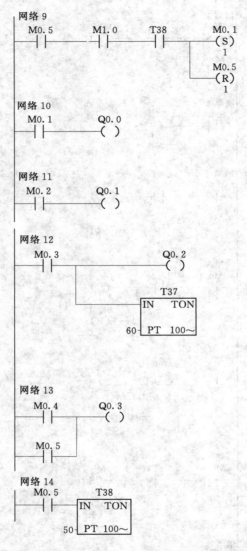

图 3.61（二） 以转换为中心的混合液体控制程序

使用这种方法时，不能将输出位的线圈与置位指令和复位指令并联，因为置位指令和复位指令的接通时间是相当短的，只有一个扫描周期，转换条件满足后前级步马上被复位，该串联电路断开，所以用代表步的常开触点来驱动输出位线圈。

任务 3.8　使用 SCR 指令的顺序控制梯形图设计方法

知识目标：

认知 S7－200 PLC SCR 指令和 SCR 指令的顺序控制梯形图设计方法。

技能目标：

能利用 S7-200 PLC 的 SCR 指令进行顺序控制梯形图程序设计。

任务描述：

使用 SCR 指令重新编写任务 3.7 中的液体混合系统的梯形图程序。

实施步骤：

(1) 首先根据任务要求，写出 I/O 分配表，如表 3.23。

表 3.23　　　　　　　　　　I/O 分 配 表

输 入		输 出	
I0.0	中限位	Q0.0	放液体 A
I0.1	上限位	Q0.1	放液体 B
I0.2	下限位	Q0.2	搅拌
I0.3	启动按钮	Q0.3	放混合液体
I0.4	停止按钮		

(2) 顺序功能图，如图 3.62 所示。

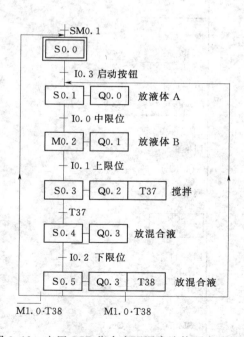

图 3.62　应用 SCR 指令实现混合液体顺序功能图

(3) 控制程序，如图 3.63 所示。

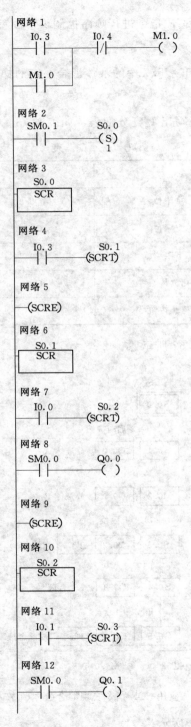

图 3.63（一） 应用 SCR 指令实现混合液体顺序控制程序

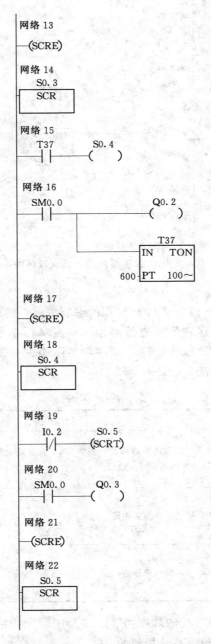

图 3.63（二） 应用 SCR 指令实现混合液体顺序控制程序

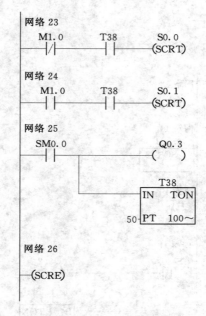

图3.63（三） 应用SCR指令实现混合液体顺序控制程序

知识链接：

顺序控制继电器（SCR）指令是基于SFC的编程方式，使用顺序控制继电器（S0.0～S31.7），依据被控对象的顺序功能图进行编程，将逻辑程序划分为LSCR与SCRE之间的若干个SCR段，一个SCR程序段对应顺序功能图中的一个程序步，从而实现顺序控制。顺序控制继电器指令见表3.24。

表3.24　　　　　　　　　　　顺 序 控 制 指 令

梯形图指令	说　　　明
??.? SCR	段的开始指令，为段的开始标志，例如S0.1表示该段的状态标志位。当S0.1被置位时，从SCR至SCRE之间的程序段执行
??.? ─(SCRT)	段转移指令，接通时，结束本段，进入下一段
─(SCRE)	段结束指令，为段的结束标志

图3.64为利用位存储器表示的顺序功能图和利用顺序控制继电器表示的顺序功能图对比，由图可见，它们的结构关系是相似的。

利用顺序控制继电器实现混合液体控制的顺序功能图与控制程序对应关系如图3.65所示。S0.1变为1状态时，系统进入S0.1段，这时只执行S0.1对应的SCR段；在步内的动作，利用SM0.0特殊功能继电器一直接通，得电使Q0.0和Q0.1一直接通；I0.1接

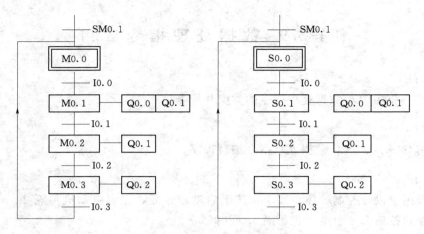

图 3.64 利用位存储器和利用顺序控制继电器表示的顺序功能图对比

通时，转换到 S0.2 段；SCRE 表示段的结束。

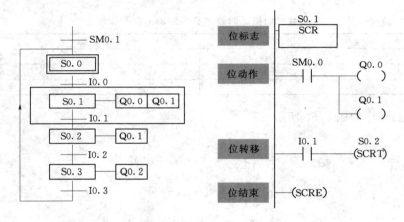

图 3.65 利用顺序控制继电器实现混合液体控制的
顺序功能图与控制程序对应关系

SCR 指令的注意事项：

（1）使用顺序控制程序被顺序控制继电器指令划分为若干个 SCR 段，每一段对应于功能图中的一步。

（2）在 SCR 段中，用 SM0.0 驱动该步中应为 1 状态的输出线圈。只有活动步对应的 SCR 区的 SM0.0 的常开触点闭合；不活动步的 SCR 区的 SM0.0 的常开触点断开，即 SCR 区内的输出线圈受到对应的顺序控制继电器的控制。SCR 区内的输出线圈还受到与它串联的触点的控制。

（3）利用转换条件驱动转换到后续步的 SCRT 指令。

（4）不能在不同的程序中使用相同的 S 位；不能用转换的方法跳入和跳出 SCR 段；不能在 SCR 段中，使用循环和结束指令。

任务 3.9　数据处理指令应用

知识目标：

认知 S7-200 PLC 数据处理指令的类型和特点。

技能目标：

能应用 S7-200 PLC 数据处理指令编写程序。

任务描述：

用比较指令设计控制程序，要求：按下启动按钮后，三台电动机每隔 2s 分别依次启动；按下停止按钮，三台电动机每隔 2s 同时停止。

实施步骤：

(1) 首先根据任务要求，写出 I/O 分配表，见表 3.25。

表 3.25　三台电动机定时顺序启停控制 I/O 分配表

输入		输出	
I0.0	启动按钮	Q0.0	电动机 1
I0.1	停止按钮	Q0.1	电动机 2
		Q0.2	电动机 3

(2) 控制程序如图 3.66 所示。

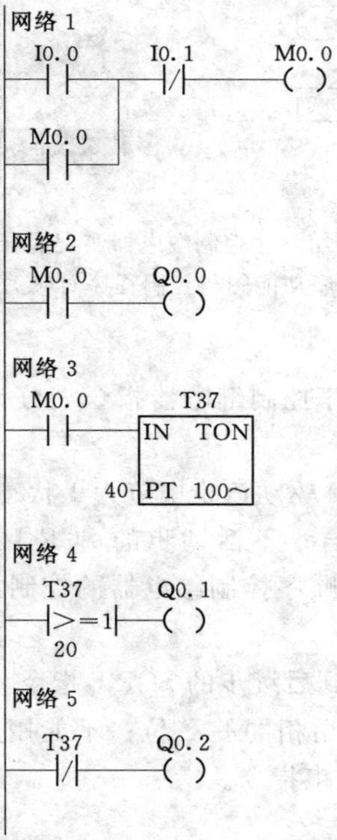

```
网络 1
  I0.0    I0.1    M0.0
  ─┤├────┤/├────( )
  M0.0
  ─┤├─

网络 2
  M0.0    Q0.0
  ─┤├────( )

网络 3
  M0.0         T37
  ─┤├────────[IN  TON]
          40─PT  100~

网络 4
  T37     Q0.1
  ─┤>=I├──( )
   20

网络 5
  T37     Q0.2
  ─┤/├────( )
```

图 3.66　三台电动机定时顺序控制程序

程序说明：

按下启动按钮 I0.0，M0.0 接通，则第一台电动机（Q0.0）启动；延时 2s，启动第二台电动机（Q0.1）；延时 4s 后，启动第三台电动机（Q0.2）；按下停止按钮 I0.1，M0.0 断开，则三台电动机同时停止。

知识链接：

S7-200 PLC 指令系统为在指定的条件下比较两个操作数的大小提供了比较指令，条件成立时，触点闭合。比较指令包括：相等指令、不等指令、大于指令、小于指令、大于等于指令和小于等于指令，每种指令又根据比较数据类型是字节、整数、双字节、实数而进一步细分，比较指令为条件控制提供了方便。下面对 S7-200 的比较指令进行介绍。

3.9.1 相等指令

相等指令使用方法见表 3.26。

表 3.26　　　　　　　　　　相 等 指 令 表

名　称	梯形图指令	说　明	示　例
字节相等指令	???? ─┤==B├─ ????	当两个字节相等时，触点接通	VB0　　Q0.0 ─┤==B├─( )─ VB1 当 VB0 和 VB1 相等时，触点 Q0.0 接通
整数相等指令	???? ─┤==I├─ ????	当两个整数相等时，触点接通	IW0　　Q0.0 ─┤==I├─( )─ 10 当 IW0 和 10 相等时，接通 Q0.0
双字节相等指令	???? ─┤==D├─ ????	当两个双整数相等时，触点接通	VD0　　Q0.0 ─┤==D├─( )─ MD1 当 VD0 和 MD1 相等时，接通 Q0.0
实数相等指令	???? ─┤==R├─ ????	当两个实数相等时，触点接通	ID0　　Q0.0 ─┤==R├─( )─ 5.678 当 ID0 和 5.678 相等时，接通 Q0.0

3.9.2 不等指令

不等指令使用方法见表 3.27。

表 3.27　　　　　　　　　　不 等 指 令 表

名　称	梯形图指令	说　明	示　例
字节不等指令	???? ─┤<>B├─ ????	当两个字节不等时，触点接通	VB2　　Q0.0 ─┤<>B├─( )─ VB3 当 VB02 和 VB3 不等时，Q0.0 接通

续表

名称	梯形图指令	说明	示例
整数不等指令	???? ─┤<>I├─ ????	当两个整数不等时，触点接通	VW2 Q0.0 ─┤<>I├──( ) 20 当 VW2 和 20 不等时，Q0.0 接通
双整数不等指令	???? ─┤<>D├─ ????	当两个双整数不等时，触点接通	VD4 Q0.1 ─┤<>D├──( ) MD0 当 VD4 和 MD0 不等时，Q0.1 接通
实数不等指令	???? ─┤<>R├─ ????	当两个实数不等时，触点接通	AC0 Q0.0 ─┤<>R├──( ) 3.3 当 AC0 和 3.3 不等时，Q0.0 接通

3.9.3 小于指令

小于指令使用方法见表 3.28。

表 3.28　　　　　　小 于 指 令 表

名称	梯形图指令	说明	示例
字节小于指令	???? ─┤<B├─ ????	当字节 IN1 小于 IN2 时，触点接通	VB0 Q0.0 ─┤<B├──( ) VB1 当 VB0 小于 VB1 时，Q0.0 接通
整数小于指令	???? ─┤<I├─ ????	当整数 IN1 小于 IN2 时，触点接通	IW2 Q0.1 ─┤<I├──( ) 30 当 IW2 小于 30 时，Q0.1 接通
双整数小于指令	???? ─┤<D├─ ????	当双整数 IN1 小于 IN2 时，触点接通	VD0 Q0.2 ─┤<D├──( ) MD0 当 VD0 小于 MD0 时，Q0.2 接通
实数小于指令	???? ─┤<R├─ ????	当实数 IN1 小于 IN2 时，触点接通	ID0 Q0.0 ─┤<R├──( ) 1.0 当 ID0 小于 1.0 时，Q0.0 接通

3.9.4 大于指令

大于指令使用方法见表 3.29。

表 3.29 大 于 指 令 表

名 称	梯形图指令	说 明	示 例
字节大于指令	???? ─┤>B├─ ????	当字节 IN1 大于 IN2 时，触点接通	VB0 Q0.0 ─┤>B├─( ) VB1 当 VB0 大于 VB1 时，Q0.0 接通
整数大于指令	???? ─┤>I├─ ????	当整数 IN1 大于 IN2 时，触点接通	VW0 Q0.0 ─┤>I├─( ) 100 当 VW0 大于 100 时，Q0.0 接通
双整数大于指令	???? ─┤>D├─ ????	当双整数 IN1 大于 IN2 时，触点接通	VD0 Q0.0 ─┤>D├─( ) MD0 当 VD0 大于 MD0 时，Q0.0 接通
实数大于指令	???? ─┤>R├─ ????	当实数 IN1 大于 IN2 时，触点接通	AC0 Q0.0 ─┤>R├─( ) 3.0 当 AC0 大于 3.0 时，Q0.0 接通

3.9.5 小于等于指令

小于等于指令使用方法见表 3.30。

表 3.30 小 于 等 于 指 令 表

名 称	梯形图指令	说 明	示 例
字节小于等于指令	???? ─┤<=B├─ ????	当字节 IN1 小于等于 IN2 时，触点接通	VB0 Q0.0 ─┤<=B├─( ) VB1 当 VB0 小于等于 VB1 时，接通 Q0.0
整数小于等于指令	???? ─┤<=I├─ ????	当实数 IN1 小于等于 IN2 时，触点接通	VW0 Q0.0 ─┤<=I├─( ) 100 当 VW0 小于等于 100 时，接通 Q0.0

续表

名　称	梯形图指令	说　明	示　例
双整数小于等于指令	???? ─┤<=D├─ ????	当双整数 IN1 小于等于 IN2 时，触点接通	VD0　　　Q0.0 ─┤<=D├─( ) MD0 当 VD0 小于等于 MD0 时，接通 Q0.0
实数小于等于指令	???? ─┤<=R├─ ????	当实数 IN1 小于等于 IN2 时，触点接通	AC0　　　Q0.0 ─┤<=R├─( ) 1.0 当 AC0 小于等于 1.0 时，接通 Q0.0

3.9.6　大于等于指令

大于等于指令使用方法见表 3.31。

表 3.31　　　　　大 于 等 于 指 令 表

名　称	梯形图指令	说　明	示　例
字节大于等于指令	???? ─┤>=B├─ ????	当字节 IN1 大于等于 IN2 时，触点接通	VB0　　　Q0.0 ─┤>=B├─( ) VB1 当 VB0 大于等于 VB1 时，接通 Q0.0
整数大于等于指令	???? ─┤>=I├─ ????	当实数 IN1 大于等于 IN2 时，触点接通	VW0　　　Q0.0 ─┤>=I├─( ) 100 当 VW0 大于等于 100 时，接通 Q0.0
双整数大于等于指令	???? ─┤>=D├─ ????	当双整数 IN1 大于等于 IN2 时，触点接通	VD0　　　Q0.0 ─┤>=D├─( ) MD0 当 VD0 大于等于 MD0 时，接通 Q0.0
实数大于等于指令	???? ─┤>=R├─ ????	当实数 IN1 大于等于 IN2 时，触点接通	AC0　　　Q0.0 ─┤>=R├─( ) 1.0 当 AC0 大于等于 1.0 时，接通 Q0.0

任务 3.10 数学运算指令应用

知识目标：

认知 S7-200 PLC 数学运算指令的类型和特点。

技能目标：

能应用 S7-200 PLC 数学运算指令编写程序。

任务描述：

试用 S7-200 PLC 编写校验程序。

控制要求：假设 VB100～VB104 中为上位机传来的数据，其中 VB104 中为前面所有字节数据两两异或结果。为验证传输的正确性，试编程实现 VB100～VB103 中数据两两异或，结果保存在 VB120 中并与 VB104 中数据比较，若相等，则 Q0.0 闭合，若不等则使 Q0.1 闭合。

实施步骤：

控制程序如图 3.67 所示。

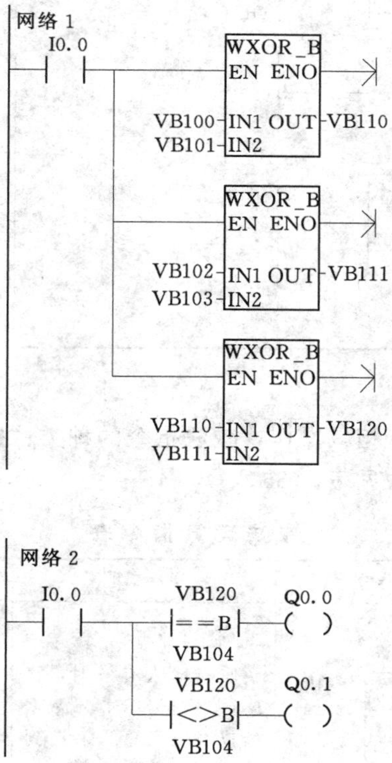

图 3.67 PLC 编写校验控制程序

知识链接：

3.10.1 数学运算指令

1. 加法运算指令

加法指令是对两个数进行相加操作，加法指令的种类：整数相加、双整数相加、实数相加。加法运算指令使用方法见表 3.32。

表 3.32　　　　　　　　　　加法运算指令表

名　称	梯形图指令	说　明	示　例
整数加法指令	ADD_I EN ENO ????-IN1 OUT-???? ????-IN2	使能输入有效时，将 IN1 端数据和 IN2 端数据相加，产生的结果送到 OUT 端	I0.0—ADD_I EN ENO VW0-IN1 OUT-VW2 VW2-IN2 当 I0.0 接通时，将 VW0 和 VW2 相加，结果放在 VW2
双整数加法指令	ADD_DI EN ENO ????-IN1 OUT-???? ????-IN2		I0.0—ADD_DI EN ENO VD0-IN1 OUT-VD2 VD2-IN2 当 I0.0 接通时，将 VD0 和 VD2 相加，结果放在 VD2
实数加法指令	ADD_R EN ENO ????-IN1 OUT-???? ????-IN2		I0.0—ADD_R EN ENO 6.666-IN1 OUT-AC0 8.888-IN2 当 I0.0 接通时，将 6.666 和 8.888 相加，结果放在 AC0

2. 减法运算指令

减法指令是对两个数进行相减操作，减法指令的种类：整数相减、双整数相减、实数相减。减法运算指令使用方法见表 3.33。

表 3.33　　　　　　　　　　减法运算指令表

名　称	梯形图指令	说　明	示　例
整数减法指令	SUB_I EN ENO ????-IN1 OUT-???? ????-IN2	使能输入有效时，将 IN1 端数据和 IN2 端数据相减，产生的结果送到 OUT 端	I0.0—SUB_I EN ENO VW0-IN1 OUT-VW4 VW2-IN2 当 I0.0 接通时，将 VW0 和 VW2 相减，结果放在 VW4

续表

名　称	梯形图指令	说　明	示　例
双整数减法指令	SUB_DI EN ENO ????-IN1 OUT-???? ????-IN2	使能输入有效时,将IN1端数据和IN2端数据相减,产生的结果送到OUT端	I0.0 SUB_DI EN ENO VD0-IN1 OUT-VD4 VD2-IN2 当 I0.0 接通时,将 VD0 和 VD2 相减,结果放在 VD4
实数减法指令	SUB_R EN ENO ????-IN1 OUT-???? ????-IN2		I0.0 SUB_R EN ENO 3.333-IN1 OUT-AC0 9.999-IN2 当 I0.0 接通时,将 3.333 和 9.999 相减,结果放在 AC0

3. 乘法运算指令

乘法指令是对两个数进行相乘操作,乘法指令的种类:整数相乘、双整数相乘、实数相乘。乘法运算指令使用方法见表 3.34。

表 3.34　　　　　　　　　　乘法运算指令表

名　称	梯形图指令	说　明	示　例
整数乘法指令	MUL_I EN ENO ????-IN1 OUT-???? ????-IN2	使能输入有效时,将IN1端数据和IN2端数据相乘,产生的结果送到OUT端	I0.0 MUL_I EN ENO VW0-IN1 OUT-VW4 VW2-IN2 当 I0.0 接通时,将 VW0 和 VW2 相乘,结果放在 VW4
双整数乘法指令	MUL_DI EN ENO ????-IN1 OUT-???? ????-IN2		I0.0 MUL_DI EN ENO VD0-IN1 OUT-VD4 VD2-IN2 当 I0.0 接通时,将 VD0 和 VD2 相乘,结果放在 VD4
实数乘法指令	MUL_R EN ENO ????-IN1 OUT-???? ????-IN2		I0.0 MUL_R EN ENO 1.111-IN1 OUT-AC0 2.222-IN2 当 I0.0 接通时,将 1.111 和 2.222 相乘,结果放在 AC0

4. 除法运算指令

除法指令是对两个数进行相除操作,除法指令的种类:整数相除、双整数相除、实数相除。除法运算指令使用方法见表 3.35。

表 3.35　　　　　　　　　　除 法 运 算 指 令 表

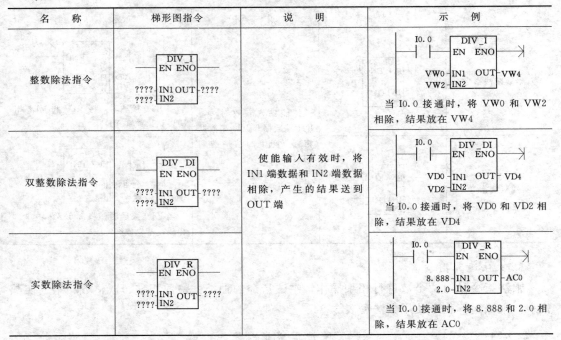

名　称	梯形图指令	说　明	示　例
整数除法指令	DIV_I EN ENO ????-IN1 OUT-???? ????-IN2	使能输入有效时,将 IN1 端数据和 IN2 端数据相除,产生的结果送到 OUT 端	I0.0─┤├─ DIV_I EN ENO VW0-IN1 OUT-VW4 VW2-IN2　当 I0.0 接通时,将 VW0 和 VW2 相除,结果放在 VW4
双整数除法指令	DIV_DI EN ENO ????-IN1 OUT-???? ????-IN2		当 I0.0 接通时,将 VD0 和 VD2 相除,结果放在 VD4
实数除法指令	DIV_R EN ENO ????-IN1 OUT-???? ????-IN2		当 I0.0 接通时,将 8.888 和 2.0 相除,结果放在 AC0

5. 加 1 与减 1 指令

加 1 与减 1 指令使用方法见表 3.36。

表 3.36　　　　　　　　　　加 1 与减 1 法指令表

名　称	梯形图指令	说　明	示　例
加 1 指令	INC_B EN ENO ????-IN OUT-???? INC_W EN ENO ????-IN OUT-???? INC_DW EN ENO ????-IN OUT-????	加 1 指令的种类有字节加 1、字加 1、双字加 1,执行 IN+1=OUT	I0.0─┤├─ INC_B EN ENO IB1-IN OUT-IB1　当 I0.0 接通时,IB1 中的内容加 1
减 1 指令	DEC_B EN ENO ????-IN OUT-???? DEC_W EN ENO ????-IN OUT-???? DEC_DW EN ENO ????-IN OUT-????	减 1 指令的种类有字节减 1、字减 1、双字减 1,执行 IN−1=OUT	I0.0─┤├─ DEC_B EN ENO IB2-IN OUT-IB2　当 I0.0 接通时,IB2 中的内容减 1

控制程序如图 3.68 所示。

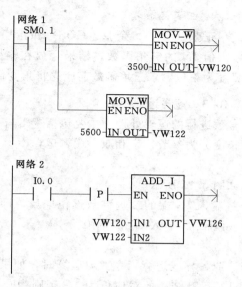

图 3.68 加法指令应用控制程序

3.10.2 浮点数函数运算指令

数学函数变换指令（也称数学功能指令）：包括平方根、自然对数、三角函数、正弦、余弦和正切。运算输入输出数据都为实数。结果大于 32 位二进制数表示的范围时产生溢出。

1. 平方根指令（SQRT）

平方根梯形图指令如图 3.69 所示。

指令功能：使能输入有效时，把一个双字长（32 位）的 IN 端输入的实数开平方，得到 32 位的实数结果输出到 OUT 端。

图 3.69 平方根梯形图指令　　　图 3.70 自然对数梯形图指令

2. 自然对数指令（LN）

自然对数梯形图指令如图 3.70 所示。

指令功能：使能输入有效时，把一个双字长（32 位）的 IN 端输入的实数求自然对数，得到 32 位的实数结果输出到 OUT 端。

3. 指数指令（EXP）

指数梯形图指令如图 3.71 所示。

指令功能：使能输入有效时，把一个双字长（32 位）的 IN 端输入的实数取以 e 为底的指数。可用指数指令和自然对数指令相配合来完成以任意常数为底和以任意常数为指数的计算。

4. 三角函数指令

正弦（SIN）、余弦（COS）和正切（TAN）指令计算角度输入值 IN 的三角函数，结果存放在输出变量 OUT 中，输入以弧度为单位，求三角函数前应先将角度值转换为弧度值。

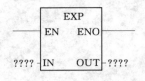

图 3.71 指数梯形图指令

3.10.3 逻辑运算指令

逻辑运算指令对无符号数进行的逻辑处理，主要包括逻辑与、逻辑或、逻辑异或和取反等运算指令。按操作数长度分为字节、字和双字逻辑运算。

1. 取反指令

取反指令梯形图指令如图 3.72 所示。

指令功能：取反指令将输入 IN 端的二进制数逐位取反，即各位由 0 变 1，由 1 变 0，并将结果装入 OUT 端中。

2. 逻辑运算指令

逻辑运算指令包括与、或、异或运算指令。与运算时，如果两个操作数的同一位均为 1，运算结果的对应位为 1，否则为 0。或运算时，如果两个操作数的同一位均为 0，运算结果的对应位为 0，否则为 1；异或运算时，如果两个操作数的同一位不同，运算结果的对应位为 1，否则为 0。

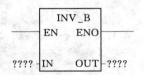

图 3.72 取反指令梯形图指令

逻辑运算指令梯形图格式如图 3.73 所示。

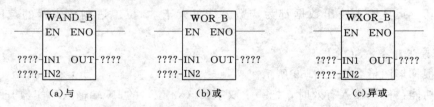

图 3.73 逻辑运算指令梯形图指令

习　题

1. S7-200 PLC 共有几种类型的定时器？各自有什么特点？S7-200 PLC 有几种分辨率的定时器？它们的刷新方式有什么不同？

2. S7-200 PLC 共有几种类型的计数器？各自有什么特点？

3. 顺序功能图的组成要素有哪些？

4. 使用置位指令和复位指令，编写两套程序，控制要求如下：

（1）启动时，电动机 M1 先启动，之后才能启动电动机 M2；停止时，电动机 M1 和 M2 同时停止。

（2）启动时，电动机 M1 和 M2 同时启动；停止时，只有在电动机 M2 停止后，电动机 M1 才能停止。

5. 设计周期为 5s、占空比为 40% 的方波输出信号程序。

6. 料箱盛料过少时低限位开关 I0.0 为 ON，Q0.0 控制报警灯闪动。10s 后自动停止报警，按复位按钮 I0.1 也停止报警。设计出梯形图程序。

7. 设计一个照明灯的控制程序。当按下接在 I0.0 上的按钮后，接在 Q0.0 上的照明灯可以发光 36s。如果在这段时间内又有人按下按钮，则时间间隔从头开始，这样可以确保最后一次按完按钮后，灯光可以维持 36s 的照明。

8. 三路抢答器程序设计题。

设计要求：每组一按钮分别为 SB1、SB2、SB3，对应一指示灯分别为 HL1、HL2、HL3，蜂鸣器一个为 B，主持人复位按钮一个为 SB4。当有一组按下时，该组指示灯亮，并保持，且蜂鸣器发出 1s 的响声，其他组按钮再按无效。直到主持人按复位按钮后，指示灯和蜂鸣器均复位，开始新一轮抢答。要求：①完成 I/O 分配表；②绘制 PLC 外接线图；③写出梯形图程序。

9. 设计彩灯顺序控制系统。控制要求：
(1) A 亮 1s，灭 1s；B 亮 1s，灭 1s。
(2) C 亮 1s，灭 1s；D 亮 1s，灭 1s。
(3) A、B、C、D 亮 1s，灭 1s。
(4) 循环三次。

10. 两种液体混合装置控制。

要求：有两种液体 A、B 需要在容器中混合成液体 C 待用，初始时容器是空的，所有输出均失效。按下启动信号，阀门 X1 打开，注入液体 A；到达 I 时，X1 关闭，阀门 X2 打开，注入液体 B；到达 H 时，X2 关闭，打开加热器 R；当温度传感器达到 60℃时，关闭 R，打开阀门 X3，释放液体 C；当最低位液位传感器 L＝0 时，关闭 X3 进入下一个循环。按下停车按钮，要求停在初始状态。

11. 用三个开关（SB1、SB2、SB3）控制一盏灯 Y0，当三个开关全通，或者全断时灯亮，其他情况灯灭。（使用比较指令）

12. 物料传送系统控制如题图 3.1 所示。

要求：如题图 3.1 所示，为两组带机组成的原料运输自动化系统，该自动化系统启动顺序为：盛料斗 D 中无料，先启动带机 C，5s 后，再启动带机 B，经过 7s 后再打开电磁阀 YV，该自动化系统停机的顺序恰好与启动顺序相反。试完成梯形图设计。

13. 试设计 PLC3 种速度电动机控制系统。

控制要求：启动低速运行 3S，KM1 和 KM2 接通；中速运行 3S，KM3 通（KM2 断开）；高速运行 KM4，KM5 接通（KM3 断开），最后按下 I0.1 停止。（要求写出 I/O 分配表）

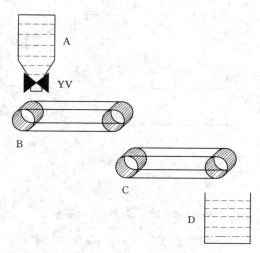

题图 3.1 原料运输自动化系统

14. 小车在初始位置时停在左边，限位开关 I0.2 为 1 状态，按下启动按钮 I0.0 后，小车向右运动，碰到限位开关 I0.1 后，停在该处，3s 后开始左行，碰到 I0.2 后返回初始步，停止运动。（要求写出 I/O 分配表）

15. 画出如图所示程序的 Q0.0 的波形图，如题图 3.2 所示。

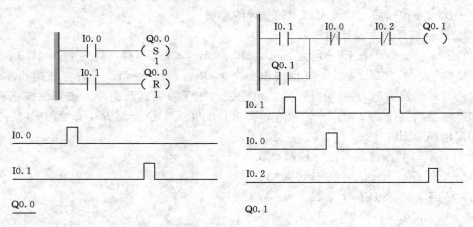

题图 3.2　程序梯形图和波形图　　　题图 3.3　程序梯形图和波形图

16. 画出如图所示程序的 Q0.1 的波形图，如题图 3.3 所示。

17. 画出如图所示程序的 Q0.0、Q0.1 的波形图，如题图 3.4 所示。

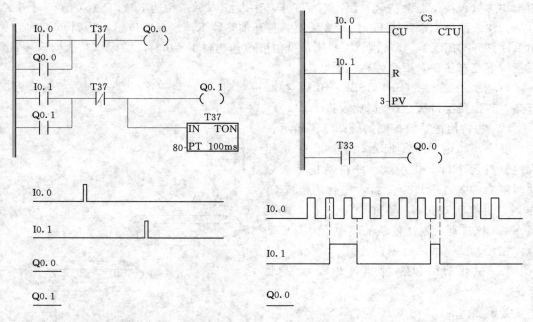

题图 3.4　程序梯形图和波形图　　　题图 3.5　程序梯形图和波形图

18. 画出如图所示程序的 Q0.0 的波形图，如题图 3.5 所示。

19. 用 S、R 跃变指令设计出如图所示波形梯形图，如题图 3.6 所示。

20. 设计满足下列时序图的梯形图程序，如题图 3.7 所示。

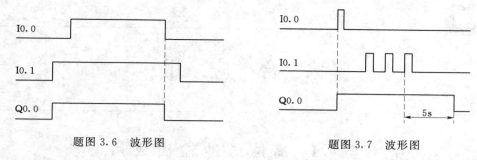

题图 3.6　波形图　　　　　题图 3.7　波形图

21. 某自发脉冲计数器，计到 10 次时，Q0.1 接通，12 次和 20 次期间时，Q0.2 接通，计到 30 次时，Q0.3 接通。程序如题图 3.8 所示。

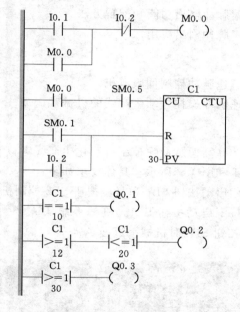

题图 3.8　程序梯形图

分析说明：

(1) 程序中—|＝＝I|—，—|＞＝I|—，—|＜＝I|—分别表示是什么指令？

(2) 控制要求中，当计数要求改为小于等于 10 次时，Q0.1 接通，程序如何修改。

(3) SM0.5 有何功能，若用定时器来实现，如何编写程序？

项目 4

综 合 应 用

任务 4.1 高速脉冲输出应用

知识目标：

（1）认知 S7-200 高速脉冲输出功能和配置方法。

（2）认知 S7-200 高速脉冲输出应用。

技能目标：

（1）会应用 S7-200 高速脉冲控制伺服电机。

（2）能用 S7-200 高速脉冲操控自动生产线的机械手运动。

任务描述：

本次任务是利用 S7-200 高速脉冲输控制自动化生产线考核设备的输送单元，控制机械手的往返运动，如图 4.1 和图 4.2 所示，具体要求如下：

（1）在手动状态下，用启动按钮 SB1 和复位按钮 SB2 控制机械手向左向右运动。

（2）在自动状态下，按下启动按钮 SB1，机械手能从 A 点（始发点）以预置速度精确运动到 B 点，按下复位按钮 SB2 时机械手返回 A 点。

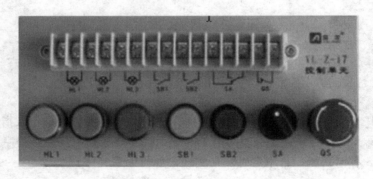

图 4.1 输送单元的按钮指示灯模块

任务分析：

（1）了解输送单元的设备及 I/O 地址，如图 4.3 所示。

（2）了解 A 点到 B 点的距离等参数。

（3）建立 I/O 分配表。

（4）使用位置控制向导调出线性脉冲输出（PTO）功能。

（5）根据任务要求进行编程。

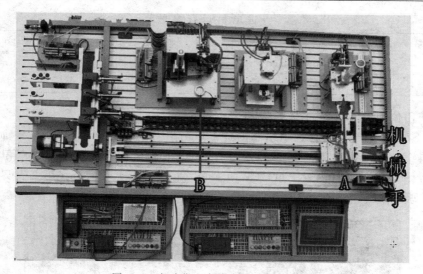

图 4.2　自动化生产线考核设备俯视图

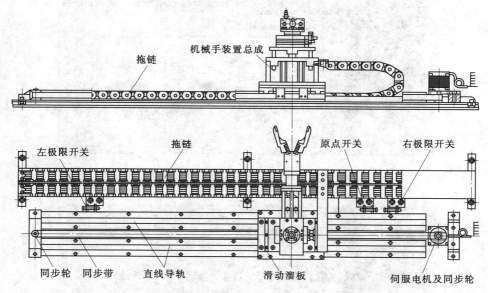

图 4.3　输送单元各部件设备名称

实施步骤：

（1）I/O 分配表及 A 点到 B 点步进电机运行参数，见表 4.1 和表 4.2。

表 4.1　　　　　　　　　　　　　输送单元 I/O 分配表

序号	符号	信号名称	序号	符号	信号名称
1	I2.3	启动（SB1）	6	I0.1	右限位开关
2	I2.5	复位（ ）	7	I0.2	左限位开关
3	I2.6	手动自动切换（ ）	8	Q0.0	脉冲
4	I2.7	急停	9	Q0.1	方向（反方向运动）
5	I0.0	原点传感器			

项目 4 综合应用

表 4.2　　步进电机运行参数

运动包络	站　　点	脉冲量	移动方向
0	A 到 B，756mm	137500	向左
1	B 到 A，756mm	137500	向右

(2) 使用位控向导编程的步骤如下：

1) 为 S7-200 PLC 选择选项组态内置 PTO 操作。在 STEP7 V4.0 软件命令菜单中选择"工具"→"位置控制向导"，即开始引导位置控制配置。在向导弹出的第 1 个界面，选择"配置 S7-200 PLC 内置 PTO/PWM 操作"，如图 4.4 所示。在第 2 个界面中选择"Q0.0"作脉冲输出，如图 4.5 所示。

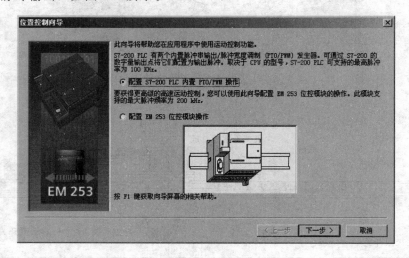

图 4.4　S7-200 PLC 内置 PTO/PWM

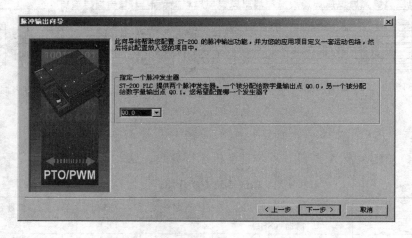

图 4.5　选择"Q0.0"作脉冲输出

接下来的第 3 个界面如图 4.6 所示，请选择"线性脉冲输出（PTO）"，并点选"使用高速计数器 HSC0（模式 12）自动计数线性 PTO 生成脉冲"。单击"下一步"就开始了组态内置 PTO 操作。

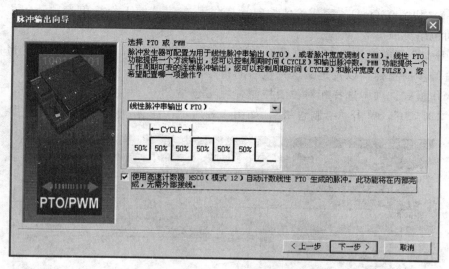

图 4.6 组态内置 PTO 操作选择界面

注意：线性脉冲输出（PTO），输出脉冲高电平与低电平时间是一样的，如果选择脉冲宽度调制（PWM），输出脉冲高电平与低电平时间可以不一样。

2）接下来的两个界面，要求设定电机速度参数，包括前面所述的最高电机速度 MAX_SPEED 和电机启动/停止速度 SS_SPEED，以及加速时间 ACCEL_TIME 和减速时间 DECEL_TIME。

在对应的编辑框中输入这些数值。例如，输入最高电机速度"90000"，把电机启动/

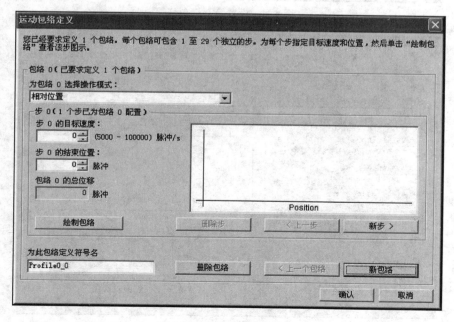

图 4.7 配置运动包络界面

停止速度设定为"600",加速时间 ACCEL _ TIME 和减速时间 DECEL _ TIME 分别为 1000(ms)和 200(ms)。完成给位控向导提供基本信息的工作。单击"新包络",开始配置运动包络界面。

3)图 4.7 是配置运动包络的界面。该界面要求设定操作模式、1 个步的目标速度、结束位置等步的指标,以及定义这一包络的符号名(从第 0 个包络第 0 步开始)。

在操作模式选项中选择相对位置控制,填写包络"0"中数据目标速度"60000",结束位置"137500",单击"绘制包络",如图 4.8 所示,注意,这个包络只有 1 步。

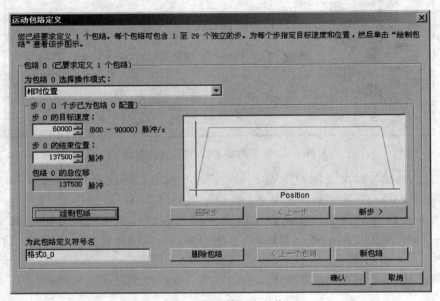

图 4.8 设置第 0 个包络

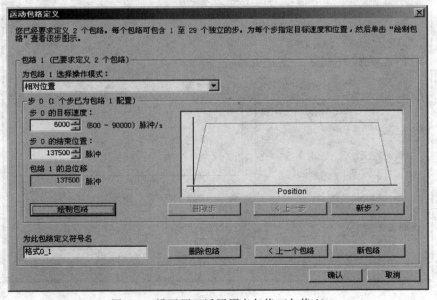

图 4.9 设置用于返回原点包络(包络 1)

包络的符号名按默认定义（Profile0_0）。这样，第 0 个包络的设置，即从 A→B 的运动包络设置就完成了。现在可以设置下一个包络，点击"新包络"，创新包络"1"。按上述方法将表 4.2 中返回原点位置数据输入包络中去，如图 4.9 所示。

4）运动包络编写完成单击"确认"，向导会要求为运动包络指定 V 存储区地址（建议地址为 VB75～VB300），可默认这一建议，也可自行键入一个合适的地址。图 4.10 是指定 V 存储区首地址为 VB400 时的界面，向导会自动计算地址的范围。

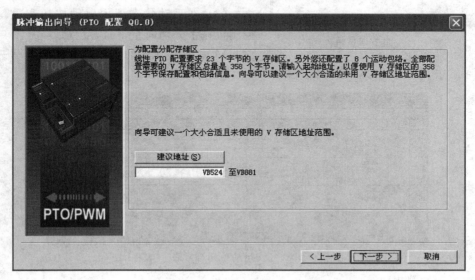

图 4.10　为运动包络指定 V 存储区地址

5）单击"下一步"出现图 4.11，单击"完成"。

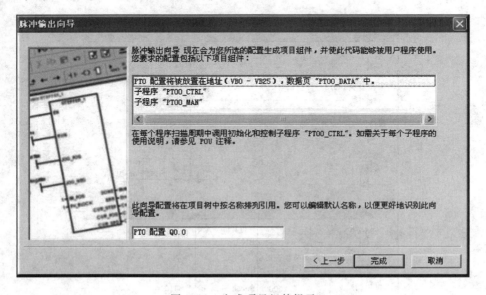

图 4.11　生成项目组件提示

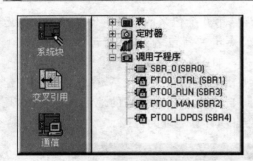

图 4.12　四个项目组件

6）使用位控向导生成的项目组件。运动包络组态完成后，向导会为所选的配置生成四个项目组件（子程序），分别是：PTOx _ CTRL 子程序（控制）、PTOx _ RUN 子程序（运行包络），PTOx _ LDPOS 和 PTOx _ MAN 子程序（手动模式）子程序，如图 4.12 所示。

（3）在手动状态下用启动按钮和复位按钮控制机械手分别向左、向右运动。

1）根据表 4.1 的 I/O 表，编辑符号表，如图 4.13 所示。

	符号	地址	注释
1	原点	I0.0	
2	右限位开关	I0.1	
3	左限位开关	I0.2	
4	启动	I2.3	
5	复位	I2.5	
6	手动自动切换	I2.6	
7	急停	I2.7	
8	向右返回	Q0.1	
9	脉冲	Q0.0	

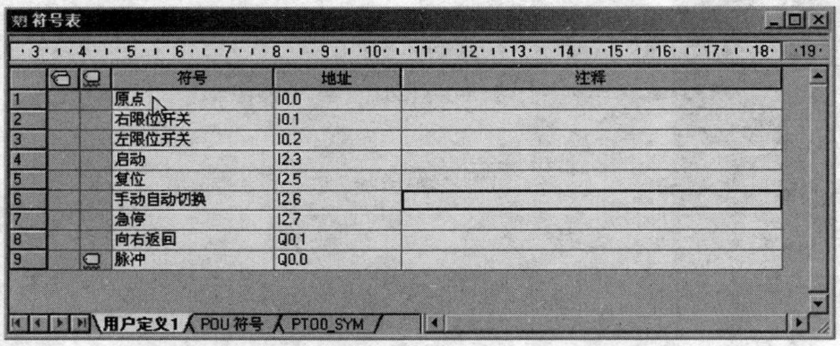

图 4.13　运动单元符号表

2）手动控制程序。

第一，机械手运动手动控制程序如图 4.14 所示，各输入参数功能请参阅本任务“知识连接”相关内容。

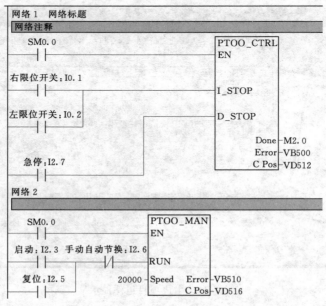

图 4.14　手动控制程序

第二，机械手向右运动控制程序如图 4.15 所示程序段。

说明：①手动控制方式为点动，需长按住按钮；②伺服驱动器有一端子用于控制方向，现连接 Q0.1，若 Q0.1 高电平，向右运动；Q0.1 低电平，向左运动。

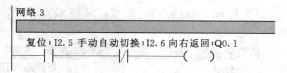

图 4.15 运动方形控制程序

（4）在自动状态下，机械手能从 A 点（始发点）以预置速度精确运动到 B 点，按下复位按钮时机械手精确返回 A 点。

1）在上述编程基础上调用运动包络子程序 PTO0_RUN，并按图 4.16 所示完成程序设置，图中 VB502 存放包络名，本任务中只有包络 0 和包络 1，M0.0 为运行包络完成标志，即当 VB502 中的包络 0 或包络 1 执行完成后 M0.0 的值为 1。

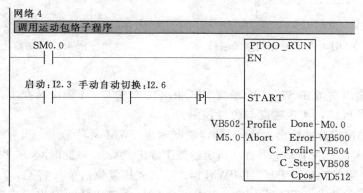

图 4.16 PTO0_RUN 的配置

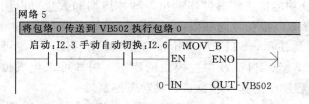

图 4.17 执行包络 0

2）根据图 4.8 对包络 0 的设置，机械手从 A 点到 B 点的距离是 756mm，需 137500 个脉冲，此时把包络 0 传送到 VB502 即可实现，编程如图 4.17 所示。

3）机械手精确返回原点操作。根据图 4.9 对包络 1 的设置，机械手从 B 点到 A 点的距离是 756mm，需 137500 个脉冲，此时把包络 1 传送到 VB502 同时复位 M0.0 即可实现，因此时添加的编程如图 4.18 所示，如图 4.19 优化网络 4 编程。

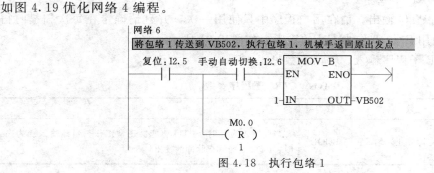

图 4.18 执行包络 1

4) 机械手精确返回 A 点，复位 Q0.1，M0.0 等，如图 4.20 所示，任务完成。

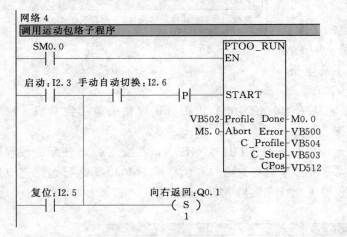

图 4.19 优化网络 4 编程　　　　图 4.20 初始化及复位编程

知识链接：

高速脉冲输出功能在 S7-200 系统 PLC 的 Q0.0 或 Q0.1 输出端产生，用来驱动诸如步进电动机一类负载，实现速度与位置控制。

高速脉冲输出有脉冲输出 PTO 和脉宽调制输出 PWM 两种形式，当一个发生器指定给数字输出点 Q0.0，另一个发生器自动指定给数字输出点 Q0.1，此时 Q0.0 和 Q0.1 不能作为普通端子使用，通常在启动 PTO 或 PWM 操作前，先用复位指令 R 将 Q0.0 或 Q0.1 清零。

当组态一个输出为 PTO 操作时，生成一个 50% 占空比脉冲串用于步进电机或伺服电机的速度和位置的开环控制。内置 PTO 功能提供了脉冲串输出，脉冲周期和数量可由用户控制。但应用程序必须通过 PLC 内置 I/O 提供方向和限位控制。

为了简化用户应用程序中位控功能的使用，STEP7-Micro/WIN 提供的位控向导可以帮助用户在很短的时间内全部完成 PWM、PTO 或位控模块的组态。向导可以生成位置指令，用户可以用这些指令在其应用程序中为速度和位置提供动态控制。

运动包络组态完成后，向导会为所选的配置生成四个项目组件（子程序），分别是：PTOx_CTRL 子程序（控制）、PTOx_RUN 子程序（运行包络），PTOx_LDPOS 和 PTOx_MAN 子程序（手动模式）子程序。它们的功能分述如下。

1. PTOx_CTRL 子程序

启用和初始化 PTO 输出。请在用户程序中只使用一次，并且请确定在每次扫描时得到执行。即始终使用 SM0.0 作为 EN 的输入，如图 4.21 所示。

PTOx_CTRL 子程序输入、输出参数见表 4.3。

表 4.3　　　　　　　　　　　PTOx_CTRL 子程序参数

类型	参　　数	参数类型	说　　明
输入	I_STOP（立即停止）输入	BOOL	当此输入为低时，PTO 功能会正常工作。当此输入变为高时，PTO 立即终止脉冲的发出

任务 4.1 高速脉冲输出应用

续表

类型	参数	参数类型	说明
输入	D_STOP（减速停止）输入	BOOL	当此输入为低时，PTO 功能会正常工作。当此输入变为高时，PTO 会产生将电机减速至停止的脉冲串
输出	Done（"完成"）输出	BOOL	当"完成"位被设置为高时，它表明上一个指令也已执行
输出	Error（错误）参数	BYTE	包含本子程序的结果。当"完成"位为高时，错误字节会报告无错误或有错误代码的正常完成
	C_Pos	DWORD	如果 PTO 向导的 HSC 计数器功能已启用，此参数包含以脉冲数表示的模块当前位置。否则，当前位置将一直为 0

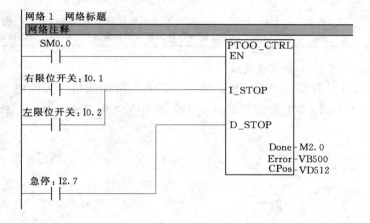

图 4.21　运行 PTOx_CTRL 子程序

2．PTOx_RUN 子程序（运行包络）

命令 PLC 执行存储于配置/包络表的指定包络运动操作。运行这一子程序的梯形图如图 4.22 所示。

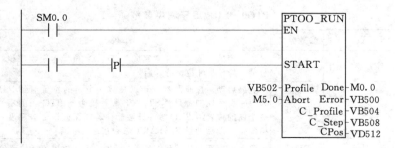

图 4.22　运行 PTOx_RUN 子程序

PTOx_RUN 子程序输入、输出参数见表 4.4。

表 4.4　　　　　　　　　　　　　　PTOx_RUN 子程序参数

类型	参 数	参数类型	说 明
输入	EN	BOOL	子程序的使能位。在"完成"（Done）位发出子程序执行已经完成的信号前，应使 EN 位保持开启
	START	BOOL	包络的执行的启动信号。对于在 START 参数已开启，且 PTO 当前不活动时的每次扫描，此子程序会激活 PTO。为了确保仅发送一个命令，一般用上升沿以脉冲方式开启 START 参数
	Abort（终止）命令	BOOL	命令为 ON 时位控模块停止当前包络，并减速至电机停止
	Profile（包络）	BYTE	输入为此运动包络指定的编号或符号名
输出	Done（完成）	BOOL	本子程序执行完成时。输出 ON
	Error（错误）	BOOL	输出本子程序执行的结果的错误信息。无错误时输出 0
	C_Profile	BYTE	输出位控模块当前执行的包络
	C_Step	BYTE	输出目前正在执行的包络步骤
	C_Pos	DINT	如果 PTO 向导的 HSC 计数器功能已启用，则此参数包含以脉冲数作为模块的当前位置。否则，当前位置将一直为 0

3. PTOx_LDPOS 指令（装载位置）

改变 PTO 脉冲计数器的当前位置值为一个新值。可用该指令为任何一个运动命令建立一个新的零位置。图 4.23 是一个使用 PTO0_LDPOS 指令实现返回原点完成后清零功能的梯形图。

图 4.23　用 PTO0_LDPOS 指令实现返回原点后清零

PTO0_LDPOS 子程序输入、输出参数见表 4.5。

表 4.5　　　　　　　　　　　　　　PTO0_LDPOS 子程序参数

类型	参 数	参数类型	说 明
输入	EN	BOOL	子程序的使能位。在"完成"（Done）位发出子程序执行已经完成的信号前，应使 EN 位保持开启
	START	BOOL	装载启动。接通此参数，以装载一个新的位置值到 PTO 脉冲计数器。在每一循环周期，只要 START 参数接通且 PTO 当前不忙，该指令装载一个新的位置给 PTO 脉冲计数器。若要保证该命令只发一次，使用边沿检测指令以脉冲触发 START 参数接通
	New_Pos	DINT	输入一个新的值替代 C_Pos 报告的当前位置值。位置值用脉冲数表示
输出	Done（完成）	BOOL	模块完成该指令时，参数 Done ON
	Error（错误）	BOOL	输出本子程序执行的结果的错误信息。无错误时输出 0
	C_Pos	DINT	此参数包含以脉冲数作为模块的当前位置

4. PTOx_MAN 子程序（手动模式）

将 PTO 输出置于手动模式。执行这一子程序允许电机启动、停止和按不同的速度运行。但当 PTOx_MAN 子程序已启用时，除 PTOX-CTRL 外任何其他 PTO 子程序都无法执行。

运行这一子程序的梯形图如图 4.24 所示。

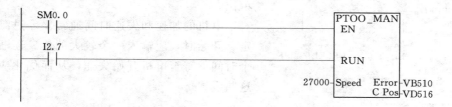

图 4.24　运行 PTOx_MAN 子程序

RUN（运行/停止）参数：命令 PTO 加速至指定速度 [Speed（速度）参数]。从而允许在电机运行中更改 Speed 参数的数值。停用 RUN 参数命令 PTO 减速至电机停止。

当 RUN 已启用时，Speed 参数确定着速度。速度是一个用每秒脉冲数计算的 DINT（双整数）值。可以在电机运行中更改此参数。

Error（错误）参数：输出本子程序的执行结果的错误信息，见错误时输出 0。

如果 PTO 向导的 HSC 计数器功能已启用，C_Pos 参数包含用脉冲数目表示的模块；否则此数值始终为零。

由上述四个子程序的梯形图可以看出，为了调用这些子程序。编程时应预置一个数据存储区，用的存储子程序执行时间参数，存储区所存储的信息，可根据程序的需要调用。

知识拓展：

借助位控向导组态 PTO 输出时，需要用户提供一些基本信息，逐项介绍如下。

1. 最大速度（MAX_SPEED）和启动/停止速度（SS_SPEED）

图 4.25 是最大速度和启动/停止速度这两个概念的示意图。

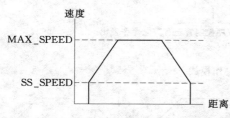

图 4.25　最大速度和启动/停止速度示意

MAX_SPEED 是允许的操作速度的最大值，它应在电机力矩能力的范围内。驱动负载所需的力矩由摩擦力、惯性以及加速/减速时间决定。

SS_SPEED 的数值应满足电机在低速时驱动负载的能力，如果 SS_SPEED 的数值过低，电机和负载在运动的开始和结束时可能会摇摆或颤动。如果 SS_SPEED 的数值过高，电机会在启动时丢失脉冲，并且负载在试图停止时会使电机超速。通常，SS_SPEED 值是 MAX_SPEED 值的 5%～15%。

2. 加速和减速时间

加速时间 ACCEL_TIME：电机从 SS_SPEED 速度加速到 MAX_SPEED 速度所需的时间。

减速时间 DECEL_TIME：电机从 MAX_SPEED 速度减速到 SS_SPEED 速度所需要的时间。

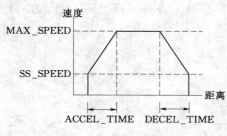

图 4.26 加速和减速时间

加速时间和减速时间的缺省设置都是 1000ms。通常，电机可在小于 1000ms 的时间内工作。参见图 4.26。这 2 个值设定时要以毫秒为单位。

电机的加速和失速时间通常要经过测试来确定。开始时，应输入一个较大的值。逐渐减少这个时间值直至电机开始失速，从而优化应用中的这些设置。

3. 移动包络

一个包络是一个预先定义的移动描述，它包括一个或多个速度，影响着从起点到终点的移动。一个包络由多段组成，每段包含一个达到目标速度的加速/减速过程和以目标速度匀速运行的一串固定数量的脉冲。

位控向导提供移动包络定义界面，应用程序所需的每一个移动包络均可在这里定义。PTO 支持最大 100 个包络。

定义一个包络，包括如下几点：①选择操作模式；②为包络的各步定义指标；③为包络定义一个符号名。

（1）选择包络的操作模式。PTO 支持相对位置和单一速度的连续转动两种模式，如图 4.27 所示，相对位置模式指的是运动的终点位置是从起点侧开始计算的脉冲数量。单速连续转动则不需要提供终点位置，PTO 一直持续输出脉冲，直至有其他命令发出，例如到达原点要求停发脉冲。

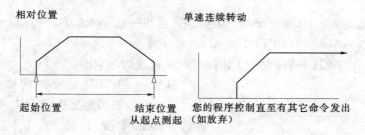

图 4.27 一个包络的操作模式

（2）包络中的步。一个步是工件运动的一个固定距离，包括加速和减速时间内的距离。PTO 每一包络最大允许 29 个步。

每一步包括目标速度和结束位置或脉冲数目等几个指标。图 4.28 所示为一步包络、两步包络、三步包络和四步包络。注意一步包络只有一个常速段，两步包络有两个常速段，依次类推。步的数目与包络中常速段的数目一致。

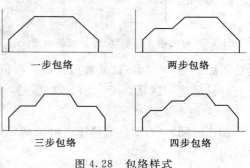

图 4.28 包络样式

任务 4.2　工业以太网模块应用

知识目标：

认知 S7-200 PLC 工业以太网模块，认知 S7-200 PLC 之间的工业以太网通信的方法。

技能目标：

能实现 S7-200 PLC 之间的工业以太网通信的配置和调试。

任务描述：

实现 S7-200 PLC 之间的工业以太网通信。

任务分析：

通过工业以太网扩展模块（CP243-1）或互联网扩展模块（CP243-1 IT），S7-200 将能支持 TCP/IP 以太网通信。可以使用 STEP 7 Micro/WIN，通过以太网对 S7-200 进行远程组态、编程和诊断。S7-200 可以通过工业以太网和其他 S7-200、S7-300 和 S7-400 控制器进行通信。它还可以和 OPC 服务器进行通信。

实施步骤：

（1）硬件准备。S7-200 PLC 要通过工业以太网进行通信，S7-200 必须使用 CP243-1（或 CP243-1 IT）以太网模块，如图 4.29 所示。

（2）S7-200 之间的以太网通信。S7-200 之间的以太网通信为服务器/客户机方式。S7-200 PLC 可以作为服务器端，也可以作为客户机端。

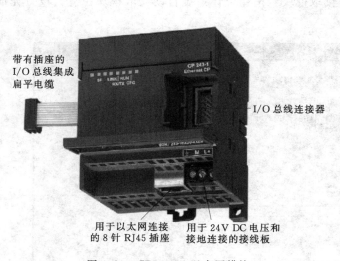

图 4.29　CP243-1 以太网模块　　　　图 4.30　选择以太网向导

1) S7-200 PLC 服务器端的组态。

S7-200 的配置如下：

选择"工具"菜单下的"以太网向导..."，如图 4.30 所示。

打开"以太网向导",可以看到CP243-1以太网卡相关信息,单击"下一步",如图4.31所示。

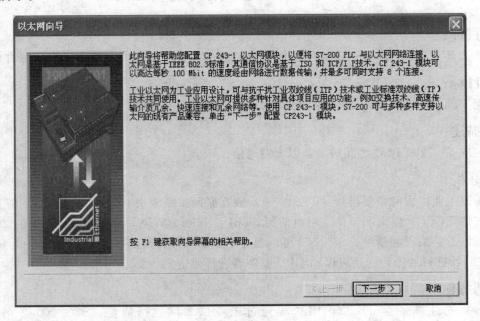

图4.31 CP243-1以太网相关信息

设置CP243-1模块的位置,位置的计算规则为扩展模块在机架上相对于CPU的位置,CPU右边的第一个扩展模块位置为0,依次类推为1,2,3,…。若不清楚位置,最好对模块进行在线组态,单击"读取模块"按钮,让系统自动获取模块位置。设置完成,单击"下一步",如图4.32所示。

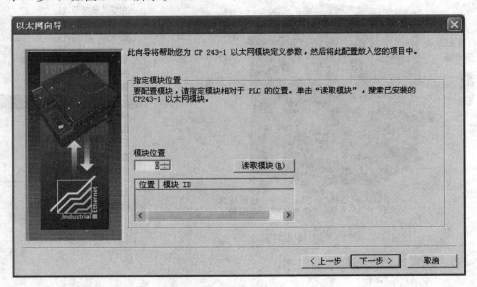

图4.32 设置模块位置

设定 CP243-1 模块的 IP 地址和子网掩码，并指定模块连接的类型（本例选为自动检测通信），单击"下一步"，如图 4.33 所示。在设置 IP 地址时，要注意和联网的其他 PLC 的 IP 地址相匹配。

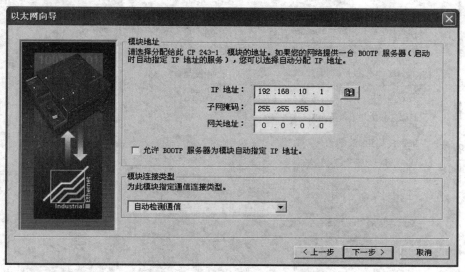

图 4.33　设置 IP 地址和子网掩码

确定 PLC 为 CP243-1 分布的输出端口的起始字节地址（一般使用缺省值即可）和连接数目，单击"下一步"，如图 4.34 所示。CP243-1 最多可以建立 8 个以太网连接，此处设置连接数为 1。

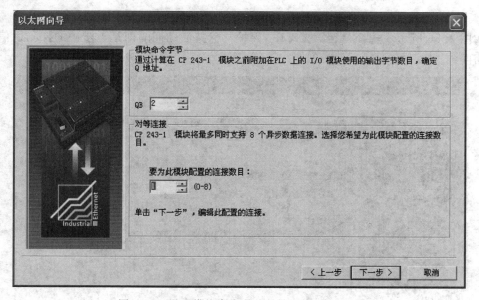

图 4.34　设置模块命令字节起始地址和连接数

选择本站作为服务器，并设置客户机的地址和 TSAP。在这里，如果只有一个连接，可以指定对方的地址，否则可以选中接受所有的连接请求（图 4.35）。

项目 4 综合应用

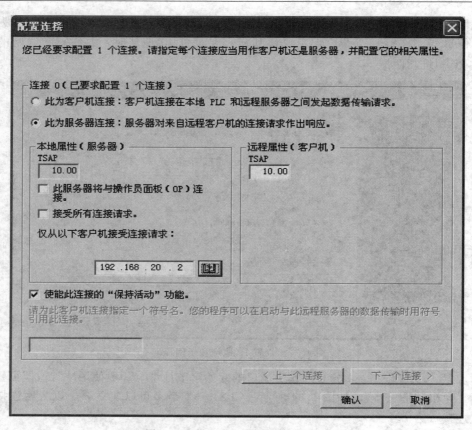

图 4.35 设置 S7-200 为服务器端

如图 4.36 所示，选择是否需要 CRC 保护，保持活动间隔即是上步中的探测通信状态的时间间隔。

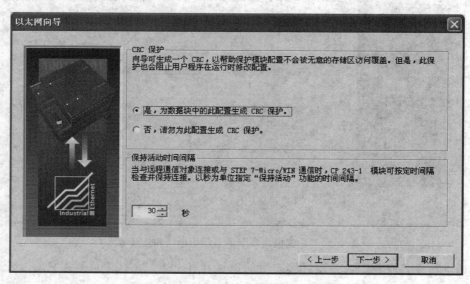

图 4.36 选择 CRC

如图 4.37 所示，选定组态信息的存放地址，此地址区在用户程序中不可再用。

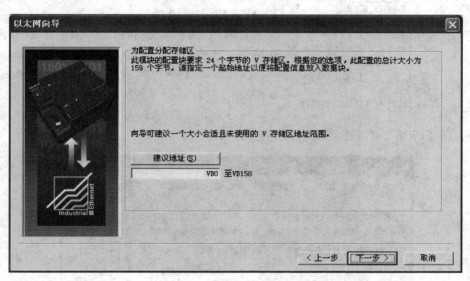

图 4.37 选择组态信息存放地址

如图 4.38 所示，S7－200 服务器端的以太网通信已经组态完毕，给出了组态后的信息，单击"完成"保存组态信息。

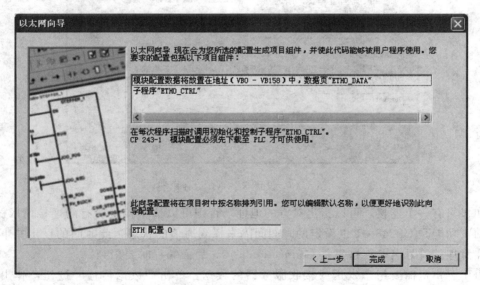

图 4.38 生产子程序

如图 4.39 所示，在程序调用子程序"ETH0＿CTRL"，这样服务器端的组态就完成了。

2）S7－200 PLC 做客户端。S7－200 PLC 的配置如下：

S7－200 PLC 配置为客户端时，前面几步和配置为服务器端相同，现在从设置本机为客户端开始。

网络1 网络标题

```
    SM0.0        ETH0_CTRL
    ─┤├─         EN

                 CP_Re~ ─V3000.0
                 Ch_Re~ ─VW3002
                 Error  ─VW3004
```

图 4.39 调用 ETHx_CTRL 子程序

设置本机为客户端，并设定服务器的地址和 TSAP，如图 4.40 所示。

TSAP：由两个字节构成，第一个字节定义了连接数，其中：

- Local TSAP 范围：16♯02，16♯10～16♯FE
- Remote TSAP 范围：16♯02，16♯03，16♯10～16♯FE第二个字节定义了机架号和 CP 槽号。

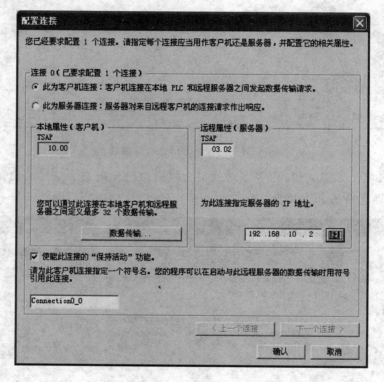

图 4.40 设置 S7-200 为客户端

如果只有一个连接，可以指定对方的地址，否则可以选中接受所有的连接请求。"保持活动"功能是 CP243-1 以设定的时间间隔来探测通信的状态，此时间的设定在下步设定。注意连接符号名，在这里是 Connection0_0，后面编程时要用到。

由于客户机需要组态发送或接收服务器的数据，单击"数据传输"按钮，弹出如图 4.41 所示窗口。

单击"新传输"按钮。弹出如图 4.42 所示窗口。该窗口完成如下设置：①选择客户机是接收还是发送数据到服务器；②设置读取或写入的字节数；③设置数据交换的存储区；④为此数据传输定义符号名；⑤如有多个数据传输（最多 32 个，0～31），再单击"新传输"按钮可以继续建立新的数据传输（图 4.42）。

选择是否需要 CRC 保护，如选择了此功能，则 CP243-1 在每次系统重启时，就校

任务 4.2 工业以太网模块应用

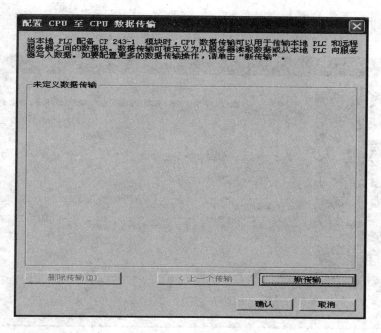

图 4.41 新建传输

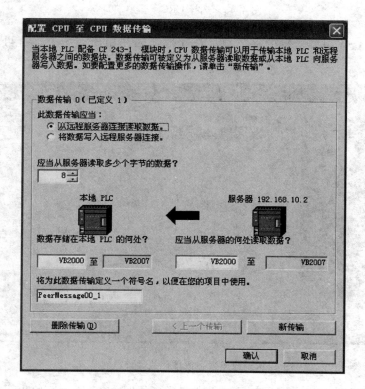

图 4.42 建立数据读、写连接

验 S7-200 中的组态信息看是否被修改，如被改过，则停止启动，并重新设置 IP 地址。"保持活动间隔"即是上步中的探测通信状态的时间间隔，如图 4.43 所示。

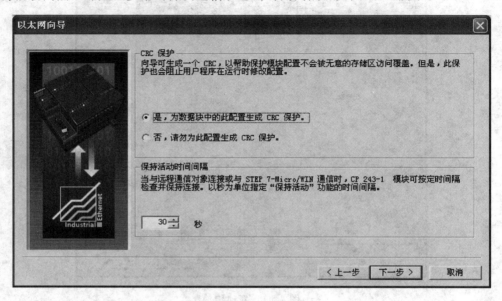

图 4.43　选择 CRC（客户端）

选择 CP243-1 组态信息的存放地址，此地址区在用户程序中不可再用，如图 4.44 所示。

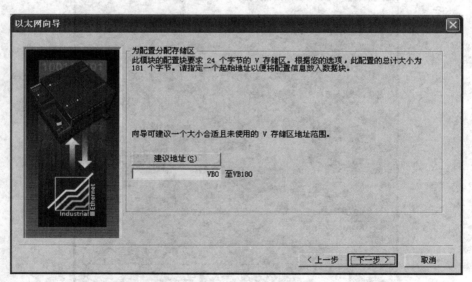

图 4.44　选择组态信息存放地址（客户端）

S7-200 客户端的以太网通信已经组态完毕，如图 4.45 所示，给出了组态后的信息。单击"完成"保存组态信息，并生成子程序"ETH0_CTRL"和"ETH0_XFR"。

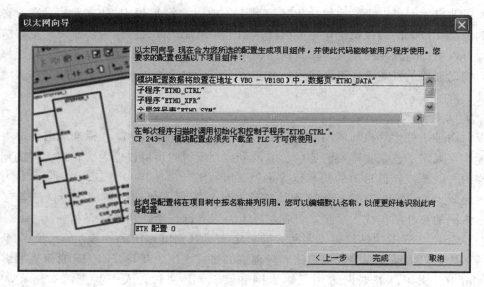

图 4.45 生产子程序（客户端）

在 S7-200 客户端，程序中调用以太网子程序如下：

在每次扫描开始调用 ETHx_CTRL 子程序，ETHx_CTRL 子程序负责执行以太网错误检查，如图 4.46 所示。

在脉冲信号 SM0.5 的上升沿时调用数据传送子程序 ETHx_XFR，如图 4.47 所示。

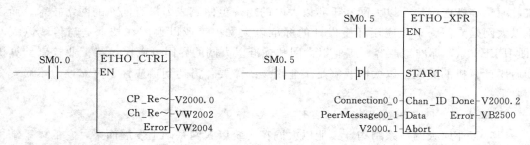

图 4.46 调用 ETHx_CTRL 子程序 　　　图 4.47 调用数据传送子程序 ETHx_XFR

知识链接：

4.2.1 认识工业以太网

现场总线控制系统（FCS）的发展改变了工业控制系统的结构，具有开放、分散、数字化、可互操作性等特点，有利于自动化系统与信息系统的集成。但是其缺点也很明显，主要表现在以下几个方面：①迄今为止现场总线的通信标准尚未统一，这使得各个厂商的仪表设备难以在不同的 FCS 中兼容；②带宽比较小，随着仪器仪表智能化的提高，传输的数据也必将趋于复杂，未来传输的数据可能已不满足于几个字节，所以网络传输的高速性在工业控制中越来越重要；③与商业网络集成困难，现有现场总线标准大都无法直接与互联网连接，需要额外的网络设备才能完成通信。由于上述原因，FCS 在工业控制中的推广应用受到了一定的限制。

而工业以太网可以很好地解决上述问题，工业以太网采用 IEEE802.3 协议，它是一个开放标准；以太网的数据传输速度已经达到千兆级别；以太网作为高速现场总线结构的主体，可以使现场总线技术与计算机网络技术很好的融合。工业以太网的引入将为控制系统的后续发展提供可能性，其低成本、高实效、高扩展性的特点正吸引着越来越多的制造业厂商。

1. 以太网技术

以太网是一种计算机局域网组网技术。IEEE 制定的 IEEE802.3 标准给出了以太网技术的标准，规定了包括物理层的连线、电信号和介质访问层协议的内容。以太网的标准拓扑结构为总线拓扑，但目前的快速以太网（100BAST-T、1000BASE-T 标准）为了最大限度地减少冲突、最有效地提高网络速度和使用效率，使用交换机进行网络连接和组织，以太网的拓扑结构成了星型，但在逻辑上，以太网仍然使用总线型拓扑。

按照 ISO/OSI 七层结构，以太网标准只定义了数据链路层和物理层，作为一个完整的通信系统。以太网在成为数据链路和物理层的协议之后，就与 TCP/IP 紧密地捆绑在一起了。由于后来国际互联网采用了以太网和 TCP/IP 协议，人们甚至把如超文本链接 HTTP 等 TCP/IP 协议组放在一起，称为以太网技术。

以太网可以采用多种连接介质，包括同轴缆、双绞线和光纤等。其中双绞线多用于从主机到集线器或交换机的连接，而光纤则主要用于交换机间的级联和交换机到路由器间的点到点链路上。

以太网作为一种原理简单，便于实现同时又价格低廉的局域网技术已经成为业界的主流，而更高性能的快速以太网和千兆以太网的出现更使其成为最有前途的网络技术。而工业以太网是专门为工业应用环境设计的标准以太网。工业以太网在技术上与传统以太网（即 IEEE802.3 标准）兼容，工业以太网和标准以太网的异同可以比之与工业控制计算机和商用计算机的异同。以太网要满足工业现场的需要，需达到适应性、可靠性、本质安全等要求。

2. 工业以太网与传统以太网的区别

（1）工业以太网体系结构。工业以太网在传统以太网基础上发展而来，它的体系结构基本上采用了以太网的标准结构。对应于 ISO/OSI 通信参考模型，工业以太网协议在物理层和数据链路层均采用了 802.3 标准，在网络层和传输层则采用被称为以太网"事实上标准"的 TCP/IP 协议簇，在高层协议上，工业以太网通常省略了会话层、表示层，而定义了应用层，有的工业以太网还定义了用户层，如图 4.48 所示。

应用层	应用协议
表示层	
会话层	TCP/UDP
传输层	
网络层	IP
数据链路层	以太网 MAC
物理层	以太网物理层

图 4.48 工业以太网与 OSI 互联参考模型的分层对照

(2) 工业以太网通信实时性。与普通的以太网不同，在现场级网络中传输的往往都是工业现场的 I/O 信号以及控制信号，从控制安全的角度来说，系统对这些来自于现场传感器的 I/O 信号要能够及时获取，并及时作出响应，将控制信号及时准确的传递到相应的动作单元中。因此，现场级通信网络对通信的实时性和确定性有极高的要求。所以对于有严格时间要求的控制应用场合，要提高现场设备的通信性能，要满足现场控制的实时性要求，需要开发实时以太网技术。

(3) 工业以太网设备环境适应性和可靠性要求。传统以太网是按办公环境设计的，而工业以太网将用于工业控制环境，所以在产品的设计时要特别注重材质、元器件的选择，使产品在强度、温度、湿度、振动、干扰、辐射等环境参数方面满足工业现场的要求。表 4.6 是工业以太网设备与传统以太网设备参数对比。

表 4.6 工业以太网设备与传统以太网设备对比

对比内容	工业以太网设备	传统以太网设备
元器件	工业级	商业级
接插件	耐腐性、防尘、防水，如加固型 RJ45、DB-9、航空接头等	一般 RJ45
工作电压	24VDC	220V AC
电源冗余	双电源	一般没有
安装方式	可采用 DIN 导轨或其他固定安装	桌面、机架等
工作温度	−40～85℃ 或 −20～70℃	5～40℃
电磁兼容标准	EN 50081-2（工业级 EMC） EN 50082-2（工业级 EMC）	EN 50081-2（办公室用 EMC） EN 50082-2（办公室用 EMC）
MTBF 值	至少 10 年	3～5 年

(4) 工业以太网的安全性。工业以太网还需要适应恶劣的工业应用环境，例如石油化工等应用场合，则必须解决总线供电、本质安全防爆等问题。网络传输介质在传输信号的同时，还可以为网络上的设备提供工作电源，称之为总线供电。一种可能的解决方案是利用现有的 5 类双绞线中的空闲线对网络节点设备进行供电。另外，工业以太网要用在一些易燃易爆的危险工业场所，就必须考虑本质安全防爆问题。

4.2.2 西门子工业以太网

PROFINET 由 PROFIBUS 国际组织推出，是新一代基于工业以太网技术的自动化总线标准。作为一项战略性的技术创新，PROFINET 为自动化通信领域提供了一个完整的网络解决方案，囊括了诸如实时以太网、运动控制、分布式自动化、故障安全以及网络安全等当前自动化领域的热点话题，并且，作为跨供应商的技术，可以完全兼容工业以太网和现有的现场总线（如 PROFIBUS）技术。

(1) PROFINET 实时通信。根据响应时间的不同，PROFINET 支持下列三种通信方式：

1) TCP/IP 标准通信。PROFINET 基于工业以太网技术，使用 TCP/IP 和 IT 标准。

TCP/IP 是 IT 领域关于通信协议方面事实上的标准，尽管其响应时间大概在 100ms 的量级，不过，对于工厂控制级的应用来说，这个响应时间就足够了。

2）实时（RT）通信。对于传感器和执行器设备之间的数据交换，系统对响应时间的要求更为严格，因此，PROFINET 提供了一个优化的、基于以太网第二层（Layer 2）的实时通信通道，通过该实时通道，极大地减少了数据在通信栈中的处理时间，PROFINET 实时通信的典型响应时间是 5～10ms。

3）同步实时（IRT）通信。在现场级通信中，对通信实时性要求最高的是运动控制（Motion Control），PROFINET 的同步实时（Isochronous Real-Time，IRT）技术可以满足运动控制的高速通信需求，在 100 个节点下，其响应时间要小于 1ms，抖动误差要小于 1μs，以此来保证及时的、确定的响应。

（2）PROFINET 分布式现场设备。通过集成 PROFINET 接口，分布式现场设备可以直接连接到 PROFINET 上。对于现有的现场总线通信系统，可以通过代理服务器实现与 PROFINET 的透明连接。例如，通过 IE/PB Link（PROFINET 和 PROFIBUS 之间的代理服务器）可以将一个 PROFIBUS 网络透明的集成到 PROFINET 当中，PROFIBUS 各种丰富的设备诊断功能同样也适用于 PROFINET。对于其他类型的现场总线，可以通过同样的方式，使用一个代理服务器将现场总线网络接入到 PROFINET 当中。

（3）PROFINET 运动控制。通过 PROFINET 的同步实时（IRT）功能，可以轻松实现对伺服运动控制系统的控制。在 PROFINET 同步实时通信中，每个通信周期被分成两个不同的部分，一个是循环的、确定的部分，称之为实时通道；另外一个是标准通道，标准的 TCP/IP 数据通过这个通道传输。在实时通道中，为实时数据预留了固定循环间隔的时间窗，而实时数据总是按固定的次序插入，因此，实时数据就在固定的间隔被传送，循环周期中剩余的时间用来传递标准的 TCP/IP 数据。两种不同类型的数据就可以同时在 PROFINET 上传递，而且不会互相干扰。通过独立的实时数据通道，保证对伺服运动系统的可靠控制。

（4）PROFINET 与分布式自动化。随着现场设备智能程度的不断提高，自动化控制系统的分散程度也越来越高。工业控制系统正由分散式自动化向分布式自动化演进，因此，基于组件的自动化（Component Based Automation，CBA）成为新兴的趋势。工厂中的相关的机械部件、电气/电子部件和应用软件等具有独立工作能力的工艺模块抽象成为一个封装好的组件，各组件间使用 PROFINET 连接。通过 SIMATIC iMap 软件，即可用图形化组态的方式实现各组件间的通信配置，不需要另外编程，大大简化了系统的配置及调试过程。

（5）PROFINET 与过程自动化。PROFINET 不仅可以用于工厂自动化场合，也同时面对过程自动化的应用。工业界针对工业以太网总线供电，及以太网应用在本质安全区域的问题的讨论正在形成标准或解决方案。PROFIBUS 国际组织计划在 2006 年的时候会提出 PROFINET 进入过程自动化现场级应用方案。

通过代理服务器技术，PROFINET 可以无缝的集成现场总线 PROFIBUS 和其他总线标准。今天，PROFIBUS 是世界范围内唯一可覆盖从工厂自动化场合到过程自动化应用的现场总线标准。集成 PROFIBUS 现场总线解决方案的 PROFINET 是过程自动化领域应用的完美体验。

任务 4.3 模拟量模块应用

知识目标：
认知 EM235 模块的特点、功能与应用。

技能目标：
能使用 EM235 模拟量模块测量液位，调节电动阀。

任务描述：
将水箱的液位传感器数据采集到，当液位到达设定液位，自动将电动阀门关闭。

任务分析：
PLC 通过扩展 EM235 模块，可以采集液位传感器数据，并通过 EM235 模块输出模拟量（4~20mA）控制电动阀开度（图 4.50）。

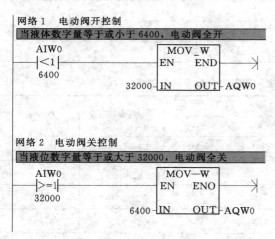

图 4.49 PLC 控制程序

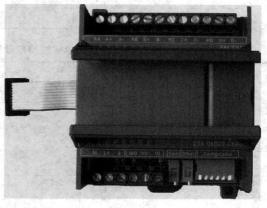

图 4.50 EM235 模块

实施步骤：
（1）完成硬件接线。
（2）设置 EM235 极性、量程范围。
（3）编写 PLC 程序，如图 4.49 所示。

知识链接：

4.3.1 EM235 模块应用

模拟量扩展模块 EM235 提供了模拟量输入和输出的功能，适用于复杂的控制场合。12 位的 A/D 转换器，多种输入输出范围，不用加放大器即可直接与执行器和传感器相连。EM235 模块能直接和 PT100 热电阻相连，供电电源为 24V DC。

EM235 有 4 路模拟量输入 1 路模拟量输出。输入输出都可以为 0～10V 电压或是 0～20mA 电流,可以由 DIP 开关设置。DIP 开关 1～6 可以选择模拟量输入范围和分辨率,所有的输入设置成相同的模拟量输入范围和格式。DIP 开关在模块的右下角,开关 1、2、3 是衰减设置,开关 4、5 是增益设置,开关 6 为单双极性设置(表 4.7～表 4.9)。

表 4.7　　　　　　　　EM235 选择单/双极性、增益和衰减的开关表

SW1	SW2	SW3	SW4	SW5	SW6	单、双极性选择	增益选择	衰减选择
					ON	单极性		
					OFF	双极性		
			OFF	OFF			X1	
			OFF	ON			X10	
			ON	OFF			X100	
			ON	ON			无效	
ON	OFF	OFF						0.8
OFF	ON	OFF						0.4
OFF	OFF	ON						0.2

表 4.8　　　　　　EM235 选择单极性模拟量输入范围和分辨率的开关表

单 极 性						满量程输入	分辨率
SW1	SW2	SW3	SW4	SW5	SW6		
ON	OFF	OFF	ON	OFF	ON	0～50mV	12.5μV
OFF	ON	OFF	ON	OFF	ON	0～100mV	25μV
ON	OFF	OFF	OFF	ON	ON	0～500mV	125μA
OFF	ON	OFF	OFF	ON	ON	0～1V	250μV
ON	OFF	OFF	OFF	OFF	ON	0～5V	1.25mV
ON	OFF	OFF	OFF	OFF	ON	0～20mA	5μA
OFF	ON	OFF	OFF	OFF	ON	0～10V	2.5mV

表 4.9　　　　　　EM235 选择双极性模拟量输入范围和分辨率的开关表

双 极 性						满量程输入	分辨率
SW1	SW2	SW3	SW4	SW5	SW6		
ON	OFF	OFF	ON	OFF	OFF	±25mV	12.5μV
OFF	ON	OFF	ON	OFF	OFF	±50mV	25μV
OFF	OFF	ON	ON	OFF	OFF	±100mV	50μV
ON	OFF	OFF	OFF	ON	OFF	±250mV	125μV

续表

双极性							满量程输入	分辨率
SW1	SW2	SW3	SW4	SW5	SW6			
OFF	ON	OFF	OFF	ON	OFF		±500	250μV
OFF	OFF	ON	OFF	ON	OFF		±1V	500μV
ON	OFF	OFF	OFF	OFF	OFF		±2.5V	1.25mV
OFF	ON	OFF	OFF	OFF	OFF		±5V	2.5mV
OFF	OFF	ON	OFF	OFF	OFF		±10V	5mV

本任务液位传感器的输出电流为 4~20mA，电动阀的开度调节电流范围为 4~20mA，因此，DIP 开关设置为单极性，量程 0~20mA，见表 4.10。

表 4.10　　　　　　　　　EM235 的 DIP 开关设置表

SW1	SW2	SW3	SW4	SW5	SW6	满量程输入	分辨率
ON	OFF	OFF	OFF	ON	OFF	0~20mA	5μV

EM235 的电源接线。EM235 的 L+、M 分别接 DC24V 的正极和负极，接地端子要接地，否则可能产生测量误差等问题。

EM235 的输入接线。每个输入通道有三个端子，电压输入和电流输入接线不同，如果是电压输入，采用 A 通道的接线，如果是电流输入，要采用 B 通道的接线，如图 4.51 所示。

EM235 的输出接线。如果是电压输出，负载接在正极性 VO 和公共端 MO 端子上；如果是电流输出，负载接在 IO 和公共端 MO 端子上，电流从 IO 端流出。

注意：接线时要注意电压的极性或电流的方向。实际应用不会在 EM235 模块中同时出现电压接线和电流输入接线，因为，EM235 模块的 4 路输入和 1 路输出，只能有一种相同的设置。未使用的输入通道，可以"+"和"-"端短接。

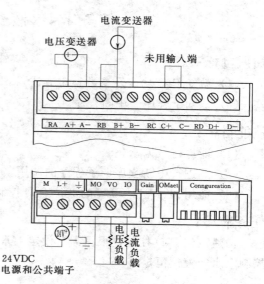

图 4.51　EM235 输入接线图

EM235 模块输入、输出地址确定。本任务输入模拟量（4~20mA）经 A/D 转换来的数字量 6400~32000，是 16 位长度的数据。如果 CPU 模块没有自带模拟量输入，模拟量输入起始地址从 0 字节开始，4 路输入通道依次存放在 AIW0、AIW1、AIW2、AIW3（即 AI0 和 AI1 两个字节），因此，如果液位传感器接在第一路通道，则对应的数字量在 AIW0。

EM235 模块的输出地址确定。其只有 1 路通道，地址为 AQW0（即 AQ0 和 AQ1 两个字节），改变 AQW0 中的数字量，就可以改变输出的模拟量大小，6400～32000 对应 4～20mA 电流。

4.3.2 液位传感器使用

本任务采用两线制，DC 24V 的正极接液位传感器的"＋"接线柱，"－"接线柱接至 EM235 模块的"L＋"，"M"端接至 DC 24V 的负极，构成闭合回路。液位传感器接线端子如图 4.52 所示。

图 4.52 液位传感器接线端子

任务 4.4 液 位 PID 控 制

知识目标：

（1）认知 PID 功能及参数整定方法。

（2）认知子程序、中断程序。

技能目标：

（1）能进行数据量化。

（2）能进行中断程序、子程序的调用。

（3）能用编写基于 PLC 的液位 PID 控制程序及参数整定。

任务描述：

构建液位 PID 控制，根据需要设定上水箱液位的高度，系统能够实现 PID 闭环调节，控制上水箱液位恒定。

任务分析：

本任务通过如图 4.53 所示系统实现。PLC 通过扩展 EM235 模块，采集液位传感器数据，与液位设定值进行比较，经 PID 环节计算出调节值，通过 EM235 模块输出模拟量（4～20mA）控制电动阀开度，达到控制上水箱液位恒定。

注意：因为水泵恒速运行，为了防止电动阀全关闭时水泵与电动阀间水压过高，两者间应有分支管路并保持一定开度流向下水箱。

任务 4.4 液位 PID 控制

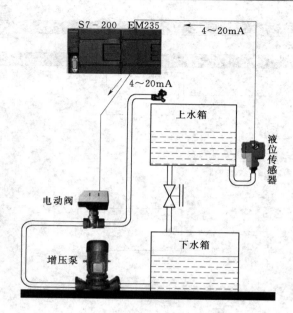

图 4.53 液位 PID 控制系统图

实施步骤：

4.4.1 I/O 分配

本任务液位传感器接在 EM235 的第 1 路输入通道，电动阀接在 EM235 的电流输出，I/O 分配见表 4.11。

表 4.11　　　　　　　　　　　I/O 分 配 表

序号	名　称	通道地址	PID 回路表地址
1	液位测量值（4～20mA）	AIW0	VD100
2	电动阀调节值（4～20mA）	AQW0	VD108

4.4.2 设计程序

1. 主程序

主程序包括三个网络，分别调用三个子程序，如图 4.54 所示。

网络 1：PLC 每次扫描周期调用子程序 SBR_0 采集上水箱液位 PV 信号，转换为标准工程量，同时设定所需液位 SP 值。

网络 2：PLC 启动运行时仅调用一次子程序 SBR_1，初始化 PID 等参数，同时开放中断事件，调用定时中断 0，定时运行 INT_0 程序执行 PID 指令。

网络 3：每次扫描周期调用输出程序 SBR_2，采用自动或手动方式，将调节值工程量转换后，传送到 AQW0，控制 EM235 输出在电流，从而控制电动阀在开度。

注意：①特殊存储器 SM0.0 是一直闭合的，SM0.1 是 PLC 启动运行时运行一次；②本任务不采用向导创建 PID 相关控制程序，而是采用自己编写的方法，这样更灵活。

项目 4 综合应用

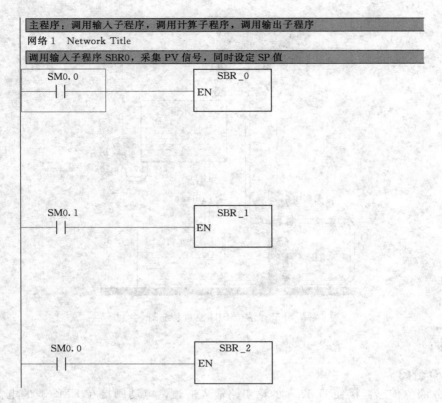

图 4.54 主程序

但是要掌握 PID 相关参数的地址规律,当 PID 指令指定了其回路表首字节地址,如 VB100,则参数地址依次递增 4 个字节,见表 4.12,PID 指令会从起始地址开始,获取需要的数据,进行 PID 计算,然后将计算完的数据存入相应的地址中。

表 4.12　　　　　　　　　　PID 各 参 数 地 址

地址	数 值 要 求	说　　明	扩大 100 倍后存储地址
VD124	以分钟为单位,必须为正数	PID 的微分时间	
VD120	以分钟为单位,必须为正数	PID 的积分时间	
VD116	以秒为单位,必须为正数	PID 的采用时间	
VD112	正数	PID 的比例系数	
VD108	必须在 0～1 范围内	PID 输出的调节值	VD308
VD104	必须在 0～1 范围内	给 PID 设置的液位设定值	VD304
VD100	必须在 0～1 范围内	上水箱的液位测量值	VD300

由于 PID 功能块规定 VD100、VD104、VD108 的数据只能是 0～1 间的数,如果在组态软件直接监视这几个数据,不方便观察,因此将这三个地址的数分别乘以 100 后分别传送到 VD300、VD304、VD308 存储。

注意:①PID 的回路表首字节地址是用户自己指定的,不一定是 VB100,但地址递增的规律是一定的,因为 PID 的参数都是 4 个字节的;②PID 回路表有 80 个地址,表 4.12 只是其中一部分。此外还需要 40 个字节供 PID 计算使用,因此从首字节开始,120 个字节不能再做其他使用;③VD300、VD304、VD308 是用户自由指定的,方便记忆和对比即可。

2. 子程序 1(SBR_0)

网络 1:采集上水箱液位 PV 值,将测量值转换为标准工程量 0~1 之间数值,然后传送到 PID 指定地址 VD100,同时将测量值扩大 100 倍变为 0~100 之间数据,传送到 VD300 存储,以便组态软件观察,如图 4.55 所示。

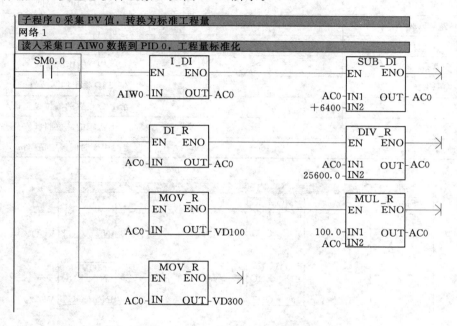

图 4.55 液位采集与量化子程序

网络 2:实现从组态监控界面修改液位设定值 SP 值。在组态软件上设置液位设定值是 0~100 间在数,并连接 PLC 的 VD304。但是送到 PID 的设定值只能是 0~1 之间在数,因此将 VD304 的数值缩小 100 倍变为 0~1 之间在数,才能传送到 PID 指定的设定值地址 VD104,如图 4.56 所示。

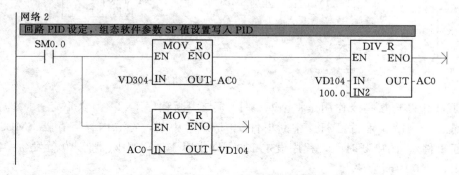

图 4.56 组态监控界面的设定值写入 PID 程序

3. 子程序 2 (SBR_1)

SBR_1 子程序主要是参数初始化。PID 要求初始参数才能工作。开始微分时间、积分时间都为 0 表示这两种调节不起作用。从 PID 调节经验看都是首先调节好比例系数后，才依次引入积分和微分环节，这样容易调节出合适在参数。表 4.13 是需要初始化的参数，初始化程序如图 4.57 所示。

表 4.13　　　　　　　　　　需要初始化的参数及数值

地　址	初　始　值	说　明
VD124	0	PID 的微分时间
VD120	0	PID 的积分时间
VD116	1.0	PID 的采用时间
VD112	2.0	PID 的比例系数
VD108		PID 输出的调节值
VD104	50.0	给 PID 设置的液位设定值
VD100		上水箱的液位测量值
SMB34	100	定时中断时间设定值（ms）

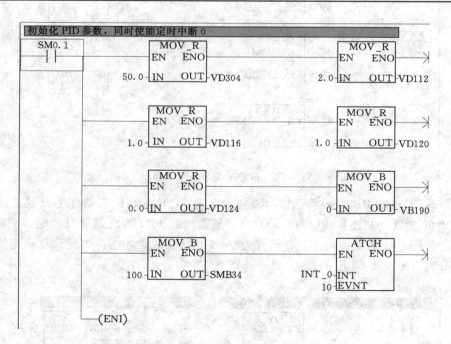

图 4.57　SBR_1 子程序（参数初始化程序）

ATCH 中断连接指令作用是将中断事件 10 与中断程序 INT_0 关联起来，即由中断事件 10 控制 INT_0 程序运行。中断事件 10 是定时中断，特殊内存寄存器 SMB34 用于设定中断事件 10 的中断时间，程序设定 100，即定时 100ms 中断事件 10 就发生一次，执行一次 INT_0 中断程序。

ENI 中断允许指令用于开放中断,中断事件才能有效。

4. 子程序 3（SBR_2）

子程序 3 是 PID 调节值输出程序。

网络 1：如果是自动模式运行网络 1。PID 计算输出的调节值在 VD108（0~1 数值），前述程序已经将调节值扩大 100 倍后存储在 VD308（0~100 数值），在这里要进行相应的工程量转换，将 0~100 之间的数转换为 6400~32000，对应的 EM235 模块会输出 4~20mA 的电流，控制电动阀开度，如图 4.58 所示。

网络 2：如果是手动模式，直接将手动设定值（地址 VD318）转换为 6400~32000 之间后送到 AQW0，控制电动阀开度，如图 4.59 所示。

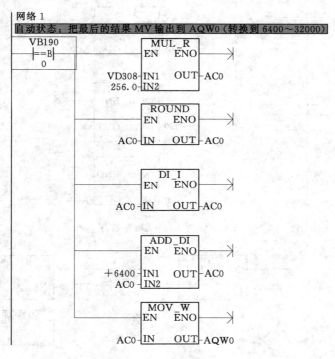

图 4.58 自动模式输出程序

注意：自动模式与手动模式不同在于自动模式在调节值是经过 PID 运算得来，而手动模式直接将手动设定值作为调节值。

5. 子程序 4（INT_0）

INT_0 需要由中断事件调用，用于执行 PID 运算，输出调节值，并存储于 VD108。PID 指令需要制定回路表首字节地址和 PID 编号，一个工程可以使用 8 个 PID，编号 0~7，此处采用 0 号。为在组态方便监控调节值，扩大 100 倍后存储于 VD308，如图 4.60 所示。

6. PLC 程序调试

PLC 程序完成后要进行调试，检查 PLC 程序是否正确。如果程序正确 PLC 运行程序，系统应具有初步的恒定液位控制功能，即上水箱液位达不到设定值，电动阀会打开往

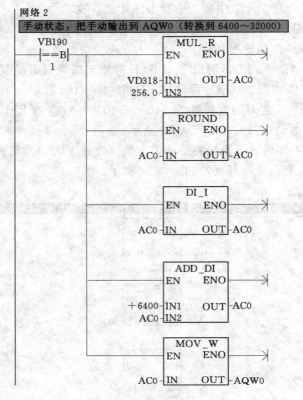

图 4.59 手动模式输出程序

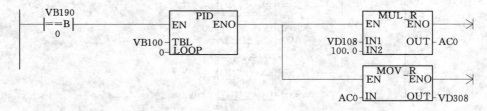

图 4.60 INT_0 子程序（执行 PID 运算）

上水箱供水，直至接近设定值。但由于 PID 参数未调试设置到最优，故测量值与设定值会有一定的误差。

如果已经有组态软件基础，最好在完成组态软件后进一步调试，如果未学习组态软件，可以在 STEP 7 – Micro/WIN 编程软件中联机调试，系统支持多种调试工具，提供了一种使您的应用程序联机运行的快速而容易的方法。

首先选择调试模式，选择菜单"调试/开始程序状态监控"，实时显示梯形图程序通断状态。

在操作栏中选择状态表，输入需要监控的地址，然后选择菜单"调试/开始状态表监控"则显示如图 4.61 所示。

在联机模式下，可以强制变量，实现参数修改调试。在状态表窗口选中变量最右边的

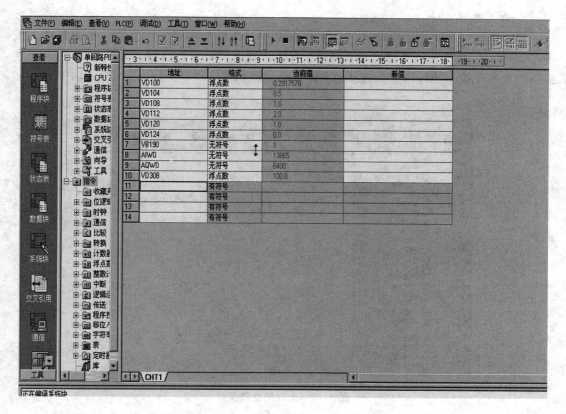

图 4.61 状态表调试状态

新值栏,输入一个新值,再选择菜单"调试/强制",被强制的值前会出现一个锁,如图 4.62 所示。

如果取消强制,可以选择菜单"调试/取消强制"。

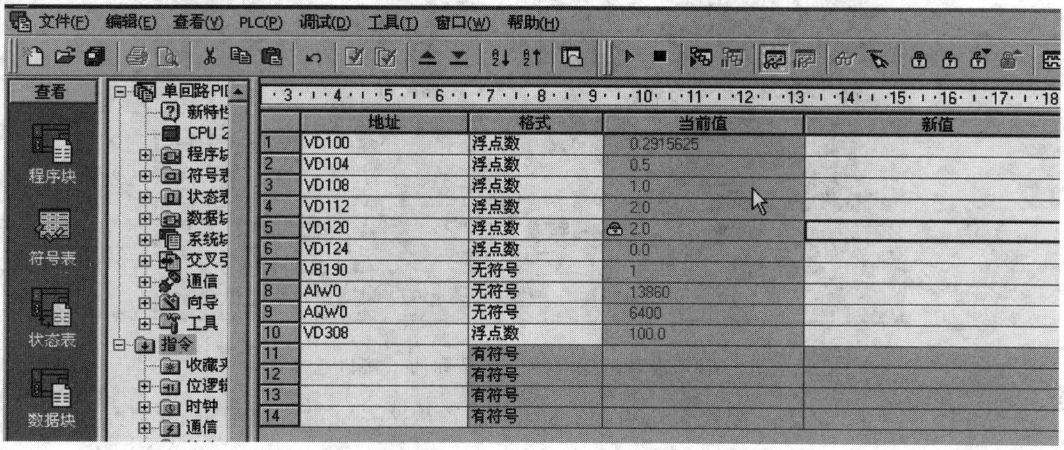

图 4.62 强制变量

7. 组态监控设计

西门子 S7-200 使用串口通信，在组态王中，选择工程浏览器窗口左侧大纲项"设备\COM1"，在工程浏览器窗口右侧用鼠标左键双击"新建"图标，如图 4.63 所示，在弹出的设备配置向导对话框，选择"PLC"的"西门子""S7-200 系列""PPI"，如图 4.64 所示。

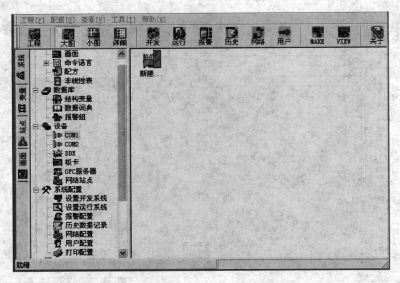

图 4.63 工程浏览器窗口

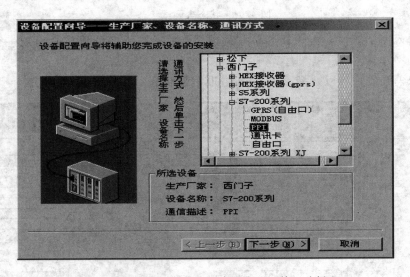

图 4.64 设备配置向导—产品和通讯接口选择

单击"下一步"，弹出逻辑名称窗口，输入名称"S7-200"，如图 4.65 所示。
单击"下一步"，弹出"选择串口号"窗口，如图 4.66 所示。
根据设备实际连接的串口选择连接串口，一般情况下为 COM1，单击"下一步"，弹

任务 4.4 液位 PID 控制

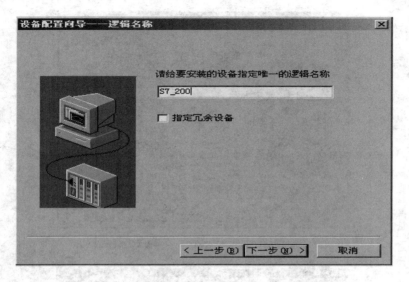

图 4.65 设备配置向导——逻辑名称设置

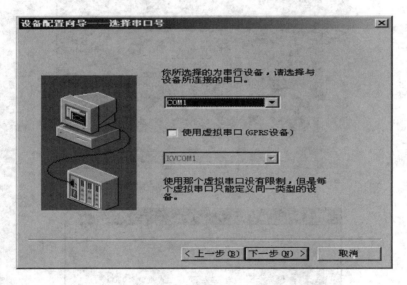

图 4.66 设备配置向导——选择串口号

出"设备地址设置指南"窗口，如图 4.67 所示。

填写设备地址，一般是 2，单击"下一步"，弹出"通信参数"窗口，如图 4.68 所示。

设置通信故障恢复参数（一般情况下使用系统默认设置即可），单击"下一步"，弹出"信息总结"窗口，如图 4.69 所示。

设备定义完成后，可以在工程浏览器的右侧看到新建的外部设备"S7200"。如图 4.70 所示，在定义数据库变量时，只要把 IO 变量连接到这台设备上，它就可以和组态王交换数据了。

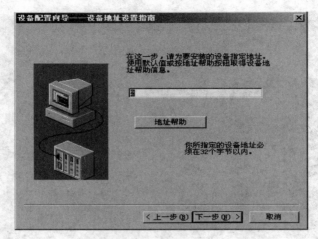

图 4.67 设备配置向导——设备地址

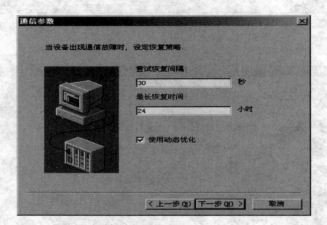

图 4.68 设备配置向导——通信参数设置

图 4.69 设备配置向导——完成

任务 4.4 液位 PID 控制

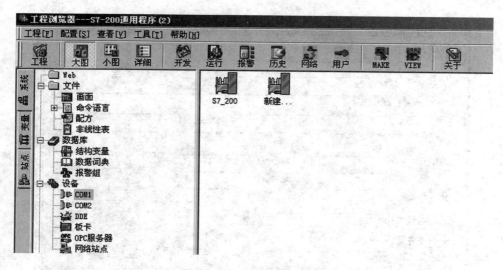

图 4.70 工程浏览器窗口

定义数据变量。在组态王的在数据字典中定义数据变量，建立与 PLC 连接，需要定义的变量见表 4.14。

表 4.14　　　　　　　　　　数 据 词 典 变 量 表

变量名	变量类型	数据类型	读写属性	数据范围	连接寄存器	描　述
PV	I/O 实数	Float	只读	0～100	V300	测量值
SP	I/O 实数	Float	读写	0～100	V304	设定值
MV	I/O 实数	Float	读写	0～100	V308	调节值
SP_man	I/O 实数	Float	读写	0～100	V318	手动设定值
PID0_P	I/O 实数	Float	读写	−1000～1000	V112	增益 Kp，负数为副作用，正数为正作用
PID0_I	I/O 实数	Float	读写	0～10000	V120	积分时间，单位为分钟
PID0_D	I/O 实数	Float	读写	0～10000	V124	微分时间，单位为分钟
MAN_on	I/O 实数	BYTE	读写	0～1	V190	为 0 时自动，1 时手动

在选择工程浏览器窗口左侧大纲项"数据库\数据词典"，在工程浏览器右侧用鼠标左键双击"新建"图标，弹出"变量属性"对话框。此对话框可以对数据变量完成定义、修改等操作，以及数据库的管理工作。在"变量名"处输入变量名，如：PV 在"变量类型"处选择变量类型为 IO 实数，如图 4.71 所示。

通过这样的方法，建立的数据词典见表 4.14。

新建监控主界面，参数设定如图 4.72 所示。在监控主界面插入实时趋势曲线，如图 4.73 所示。双击实时趋势曲线弹出对话框，设定跟踪三个变量，分别为设定值、过程值和操作值，如图 4.74 所示。在标识选项卡设定数值轴和时间轴参数，如图 4.75 所示。

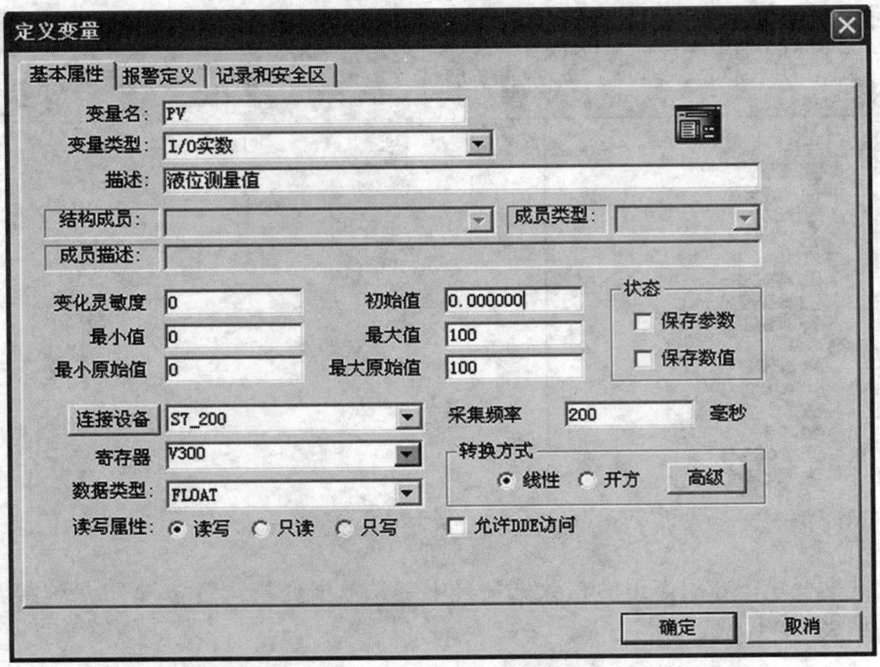

图 4.71 定义变量

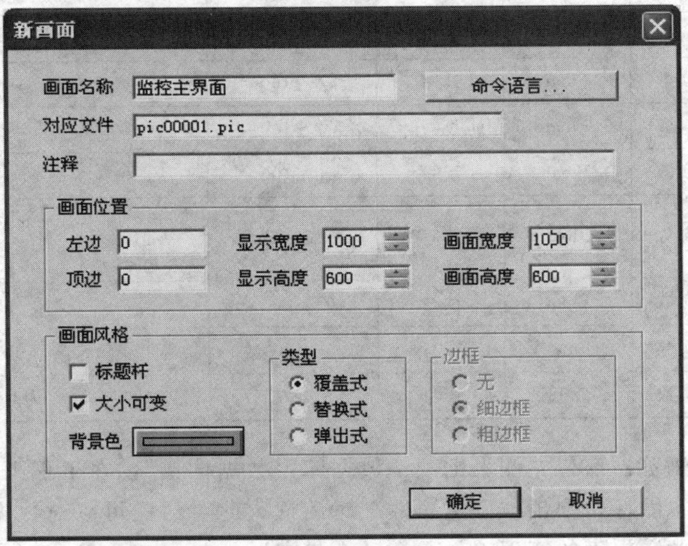

图 4.72 新建监控主界面参数设定

在监控主界面继续添加手动设定值等 8 项监控内容，参数设定见表 4.15，其中第 8 项控制方式设定 MAN_on 表达式为真时输出信息"手动方式"，反之为"自动方式"。四个按钮用于手自动控制方式切换和变频器启动停止控制，命令语言见表 4.16。

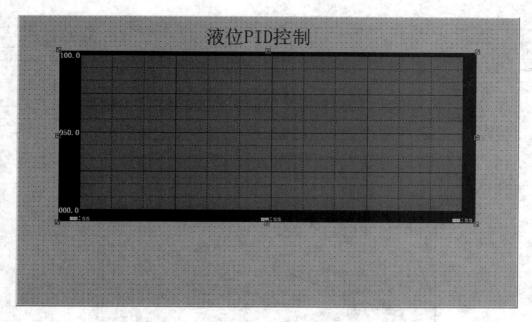

图 4.73 插入实时趋势曲线

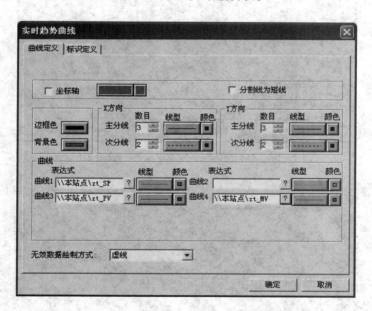

图 4.74 实时趋势曲线定义——设置跟踪的变量

表 4.15　　　　　　　　　　监控内容一览表

序号	监控内容	连接变量	输入值		输出值		
			数值类型	数值范围	数值类型	整数位数	小数位数
1	设定值	SP	模拟量输入	0~100	模拟量输出	3 位	2 位
2	过程值	PV	模拟量输入	0~100	模拟量输出	3 位	2 位

续表

序号	监控内容	连接变量	输入值		输出值		
			数值类型	数值范围	数值类型	整数位数	小数位数
3	操作值	MV			模拟量输出	3位	2位
4	手动设定值	SP_man	模拟量输入	0~100	模拟量输出	3位	2位
5	PID比例系数	PID0_P	模拟量输入	0~100	模拟量输出	3位	2位
6	PID积分时间	PID0_I	模拟量输入	0~100	模拟量输出	3位	2位
7	PID微分时间	PID0_D	模拟量输入	0~100	模拟量输出	3位	2位
8	控制方式	MAN_on	离散值输入	0或1	离散值输出		

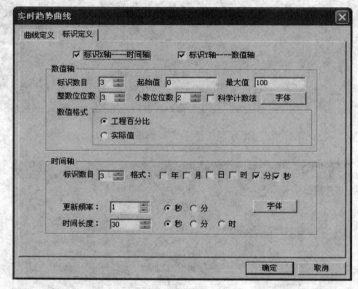

图4.75 实时趋势曲线标识定义——设置坐标轴

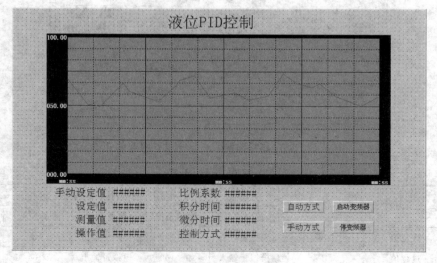

图4.76 监控主界面

任务 4.4 液位 PID 控制

表 4.16　　　　　　　　　　按钮命令语言一览表

序号	按钮名称	命令语言	
		鼠标按下时	鼠标弹起时
1	自动方式		\本站点\MAN_on=0；
2	手动方式		\本站点\MAN_on=1；

8. 系统调试

（1）运行 PLC 程序。

（2）启动恒速水泵。

（3）启动计算机组态软件，进入监控界面。

（4）设置比例参数。切换到自动方式，调节比例系数，使得测量值与设定值差值尽可能小，然后可以开始加干扰测试，得到合适的比例系数。

（5）在比例调节实验的基础上，加入积分作用，即在界面上设置积分时间值，观察测量值、调节量的波形，使得差值小和调节波动小。

（6）在此基础上，再引入适量的微分作用。

下面图 4.77～图 4.79 是经实验得到在曲线图，图 4.77 是只有比例调节的曲线，从图中曲线可见，P=16 时，调节值振荡最大，P=24 时，调节值波动很小，故 P=24 较好。

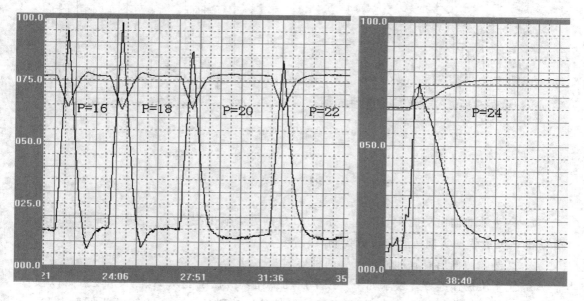

图 4.77　比例调节曲线

保持 P=24，引入积分调节，如图 4.78 所示，积分时间 I=5 时，调节值有振荡，测量值在设定上下波动，I=8～40 之间都比较好。

图 4.79 为引入微分调节的曲线，由图可见，P=24，I=8，D=2 比较好。

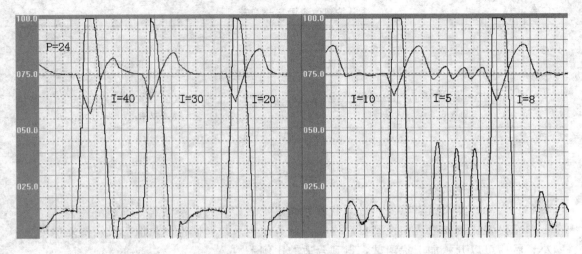

图 4.78 比例、积分调节曲线

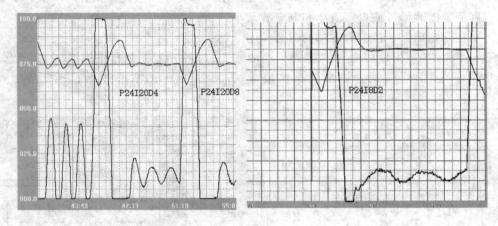

图 4.79 PID 调节曲线

习　题

1. 高速脉冲输出功能在 S7－200 系统 PLC 的哪个输出端产生，它用来驱动诸如步进电动机一类负载，实现速度与位置控制。

2. 高速脉冲输出有脉冲输出有哪两种形式？

3. 使用位控作编程，要求如下，按下启动按钮，机械手能从 A 点（始发点）以预置速度精确运动到 B 点，停留 10s 后以预置速度精确运动到 C 点，再经 5s 后返回原点 I0.0，参考题图 4.1 所示。

4. EM235 的量程范围电压或电流是多少？对应的数字量是多少？

5. 如果再扩展第二个 EM235 模块，第二个 EM235 模块的第 1 路输入地址是什么，输出通道地址又是什么？

题图 4.1　机械手运动位置

6. EM235 模块能否设置输入通道为电流输入，输出通道为电压输出？

参 考 文 献

[1] 陶权. PLC控制系统设计、安装与调试[M]. 北京：北京理工大学出版社，2014.
[2] 廖常初. S7-200 PLC编程及应用[M]. 北京：机械工业出版社，2011.
[3] 吕景泉. 自动化生产线安装与调试[M]. 2版. 北京：中国铁道出版社，2009.